城市绿地改造更新
实例分析及图鉴

童伶俐 著

浙江摄影出版社

全国百佳图书出版单位

序

  党的二十大报告中强调，中国式现代化是人与自然和谐共生的现代化，必须牢固树立"绿水青山就是金山银山"理念，站在人与自然和谐共生的高度谋划发展。全面建成富强民主文明和谐美丽的社会主义现代化强国，是我国第二个百年奋斗目标，其中，美丽中国建设是重要的组成部分，良好的人居环境才能满足人民群众对美好生活的期待。园林绿化作为具有生命力的城市基础设施，是推动城市绿色发展、服务城市绿色生活的重要内容，是打造宜居宜业宜游美好城市的必然要求，更是践行生态文明建设、浙江大花园建设及构建美丽中国的重要抓手。

  城市绿地是城市重要的基础设施，也是人民群众日常休闲游憩、运动健身的重要场所。特别是在三年的疫情防控期间，人民群众对户外活动和绿色空间的需求更加迫切。这就要求我们要不断地去关注和回应新的社会需求，加强城市绿地开放共享，不断提高管理服务水平。

  园林建设管理部门工作的重心也应向精品化、精彩化、特色化方向发展，更好地发挥园林绿地的生态功能、社会功能、文化功能和美学功能。绿地更新对于改善城市人居环境和提升城市景观风貌有着重要意义。著作者童伶俐女士多年在园林绿化建设管理一线，在实践中掌握并积累了大量城市绿地改造更新建设的经验和案例，编著成书，根据绿地性质、景观形态、功能定位等特点，分为四个篇章，通过大量实例分析和优美图片，图文并茂，阐述改造更新要点，展示处处绿化美景，彰显园林绿化在城乡建设中的积极作用，对指导城市绿地建设、改造更新具有重要意义和参考价值，是为序。

浙江省风景园林学会理事长

施剑吉

二〇二三年夏

引　言 ·· 001

一、城市绿地改造更新的意义和要点 ···················· 002

（一）城市绿地改造更新的意义 ·· 002

（二）城市绿地改造更新的要点 ·· 002

1. 绿地改造更新前期调研工作要充分完善 ··· 002

2. 绿地改造更新要有完善的体系 ·· 003

3. 绿地改造更新要顺应新的社会公共生活方式 ···································· 003

4. 绿地改造更新要突出地域文化特色 ··· 004

5. 城市绿地更新要做好新旧景观的融合 ·· 006

6. 城市绿地更新要科学合理做好植物环境和植物景观的改造提升 ········· 006

7. 城市绿地改造更新要有前瞻性目标 ··· 006

二、城市绿地改造更新实例 ································· 008

（一）实例分析 1——公园绿地篇 ·· 009

清和公园 ··· 010

中心公园 ··· 016

双雁公园 ··· 019

东塔公园 ··· 022

胜利塘河公园 ··· 025

宪法文化公园 ··· 028

东山公园（一期） ··· 030

景贤公园 ··· 032

清亲公园 ··· 034

乐清站站前广场及周边绿地 ··· 036

晨沐广场及周边绿地 ·· 038

（二）实例分析 2——道路绿地篇 ·· 041

甬台温乐清高速互通绿地 ·· 042

乐清北高速互通绿地 ·· 045

雁荡高速出入口周边绿地 ·· 047

大桥北高速互通绿地 ·································· 049

晏海路（六环路）绿地 ······························ 051

雁荡山入口松溪大道景观绿地 ···················· 054

城区主干道绿地改造更新项目 ···················· 057

（三）实例分析 3——滨水绿地篇 ················ 067

清和公园绿道滨水绿地 ····························· 068

警察公园至东山公园绿道滨水绿地 ·············· 071

中央绿轴绿道滨水绿地 ····························· 075

跃进河绿道滨水绿地 ································· 078

东山横河绿道滨水绿地 ····························· 080

（四）实例分析 4——单位附属绿地篇 ·········· 083

清和书苑周边绿地 ··································· 084

曲水书苑周边绿地 ··································· 086

玉箫书苑周边绿地 ··································· 088

观潮书苑周边绿地 ··································· 090

晨沐书苑周边绿地 ··································· 092

丹霞书苑周边绿地 ··································· 094

民丰书苑周边绿地 ··································· 096

三、结语 ··· 098

参考文献 ·· 098

附录：乐清市城市绿地常用植物图鉴 ·········· 099

一、乔木类 ··· 100

二、灌木类 ··· 141

三、藤本类 ··· 167

四、水生类 ··· 178

五、地被类 ··· 189

引　言

　　随着社会经济的快速发展与城市化进程的不断加快，城市园林绿地作为城市居民休闲放松、健身娱乐和精神交流的重要场所，诠释了城市风貌形象、地域文化特色、生态环境特色，也是展示城市物质文明和精神文明的重要窗口。在现阶段的社会发展中，城市原有建设年代较久远的绿地已难以满足现代社会的需求，特别是当前社会对绿色健康理念理解不断加深，节约型资源在人们生活中的比例不断提高，在新风向和高需求的影响下，结合资源可循环和节约减排等理论，城市绿地也快速增长，开始从量到质地蜕变。如何协调与平衡传统城市园林绿化与现代城市生活，改造更新原有城市绿地向精品化、特色化发展，提升城市品质，使城市绿地成为城市生态、旅游、休闲、康体、聚会、商业活动和文化宣传的重要场所，是我们这些年在园林建设管理中一直探索和实践的工作内容。

　　乐清市自从 2017 年提出创建国家园林城市以来，市委、市政府高度重视、精心谋划，优化城市空间形态，切实提升城市功能品质，加强人居环境有机更新，城市园林绿地更新建设对提升城市的市容市貌以及改善城市景观风貌和生态环境有着至关重要的作用。因此，这些年我们的城市不断地稳步推进绿地改造更新，以"营造人与自然和谐的环境"为目标，以打造"醉美之城，幸福乐清"为载体，经过多年的努力，通过改造、提升和新建等多重举措，基本上达到预期效果。城市绿地有机更新的可持续发展，使得乐清城市面貌精彩蝶变，转角遇见美、抬眼是风景，推窗见绿、出门见园，并成功创建国家园林城市，同时乐清市也连续两年被评为中国最具幸福感的城市，为实现美丽温州、美丽浙江、美丽中国添砖加瓦，也让乐清人能够在理想的园林城市中诗意地栖居，大大提升百姓的幸福感和获得感。

一、城市绿地改造更新的意义和要点

（一）城市绿地改造更新的意义

当下城市中远离自然的人们渴望重新建立人与自然的联系，而城市绿地就是一个重要的自然场所。城市绿地的发展经历了不同的阶段，从最初美化绿化城市、提升城市绿量和环境的生态需求，到"公园城市"理念指引下的共享需求，再到今天市民对花园城市的需求，反映了城市发展过程中人们对城市绿地的需求发生了根本变化。绿地更新对于城市软实力提升和场所文化精神建设有着积极的意义，探索城市绿地功能的生态性、生活性和艺术性的多元化发展是新时代背景下城市绿地更新的必然，改造更新的最终目标是在城市中找到人与自然、社会、艺术和谐共生发展的理想模式，同时对于提升城市景观风貌和创建国家生态园林城市有着重要意义。

（二）城市绿地改造更新的要点

1. 绿地改造更新前期调研工作要充分完善

多年的绿地改造更新案例实践证明，完善和执行到位的改造前期调研评估工作能给绿地改造提升设计以正确的导向，并且有效提高改造更新的成效。国外对于城市绿地更新前的调查评估工作有严格的程序和执行标准，并且成立有专业机构负责前期工作，提出有价值的改造意见及近、中、远期改造目标。改造前期调查评估工作在西方国家十几年的运用发展，说明它的确是一种强有力的设计辅助工具和科学的设计思维方式。针对当前国内城市绿地建设发展的国情，有必要提倡在更新设计过程中引入前期调研评估工作的思想和方法，不断提高我国城市绿地改造更新的质量。

大多数城市绿地改造更新实践前期工作中存在以下问题：（1）改造前期调研工作缺乏或实施力度不大。（2）改造实践大多倾向于把改造设计当作局部新建项目来设计或者是以经验为导向的非理性的改造设计行为，造成许多改造设计和实施方案可操作性不强或成效不显著，甚至失败。具体表现有：改造设计只重经济效益，只看重绿地物质环境的美化，不顾城市绿地的社会和文化效益；设计者以个人喜好和经验为指导，缺乏社会使命担当和责任感，造成城市绿地改造更新成果不能满足社会大众需求的后果。（3）项目建设方或决策方受资金投入限制影响，下达任务清单缺乏系统性、完整性和全面性的考虑，片面性的目标定位，也会导致绿地更新过程中存在较多不完善，甚至导致不科学的问题。因此造成大部分城市绿地的社会性得不到充分体现，绿地改造更新的综合效益不佳。

对于城市绿地改造更新的前期调查评估工作实施的建议，可以从理论研究和实践探索两方面共同努力。首先，对于改造前期的调查评估方法，可以借鉴国外先进案例中使用的评价指标、技术手段、技术文件和操作程序，掌握技术的细节。其次，对于每个绿地改造更新项目进行改造前调查评估工作的实践研究，应该与相关部门进行多次交流，提高对其重要性的认识，同时应在调查评估工作实施过程中，及时发现问题，与建设方或政府相关部门反复沟通交流，总结实践经验，为今后建立专门的调查评估政策做好实践准备。再次，对城市绿地改造更新前期调研资料进行综合评价分析，并对所有的资料进行分类归档保存。

2. 绿地改造更新要有完善的体系

城市绿地的改造更新越来越成为有预见、系统化的长期建设行为，而非短期建设能完成。改造更新中将要采用的技术手段和设计更新应做到既有远见，又不浪费资源。城市绿地是人工环境与自然环境有机结合的综合体，因此需要在改造更新设计中始终考虑绿地整体的、系统的可发展余地，改造更新工作要考虑到近期、中期及远期目标，可整体规划，分期逐步实施更新，同时尽量积极地考虑扩建的可能。

改造更新是整体或局部的更新，对绿地局部环境的认识是基于整体脉络的把握，而"整体优化"又是建立在"局部更新"的基础上，如何正确处理局部和整体的关系、个体和群体关系是今后城市绿地改造更新工作的重点。在改造更新中，应考虑到如何协调绿地功能的局部和整体的关系，确保功能上的合理性。功能上的合理性，不仅包括绿地局部功能与整体功能的合理性，还应包括绿地在所在城市区域的功能上的合理性。因此，对城市绿地进行功能的调整和重置时，不能够只考虑到局部功能的合理完整，而应当将其看作城市绿地系统的一部分，在使局部功能更新的同时，又能使绿地整体环境得以优化。处理好局部和整体的关系，对于改造更新来说不仅是一个功能实用问题，而且还是一个美学范畴问题。其内容既表现在功能关系的调整上，也表现在空间组合和艺术风格上。

3. 绿地改造更新要顺应新的社会公共生活方式

随着经济快速发展和人们生活水平的不断提高，城市绿地尤其是公园绿地成为人们生活中越来越重要的休闲活动场所，但城市建设年代较早的公园绿地存在着诸多问题，如绿化缺乏精细化养护管理，基础设施陈旧，功能定位和布局无法满足现代游憩休闲需求，游览交通线路布局不合理，公共空间开放性和功能性差，忽略了绿地使用主体的切身需求，边界缺乏与城市的有机联系，文化精神内涵缺失等。在刚移交给我们维护管理的城市绿地中，我们发现在绿地环境中存在较多的由市民自发开展的丰富多彩的公共活动，但是公共活动空间的缺乏不仅削弱了其活动的持续性和舒适性，同时，由于缺乏专业科学规划，市民自发开辟的活动场地对绿地环境空间也造成一定程度的破坏。因此，城市绿地改造更新时要为市民搭建良好的城市公共生活舞台，从而顺应市民多元文化生活方式的需要，使得绿地更加人性化、舒适化，更加具有吸引力，并且更合理地引导城市居民公共生活的方式，从而提升市民生活的幸福指数。

4. 绿地改造更新要突出地域文化特色

城市绿地承载着城市的历史，凝聚了城市发展和进步的印记。对于不同类型和形态的城市绿地，需进行详尽的调研分析，充分利用其自身的特点和文化价值，采用不同的应对方式进行改造更新。对于历史文化价值较高的城市绿地环境，要加强尊重历史文脉的意识，改造更新时往往会采取比较谨慎的态度，尊重历史，延续特色，而对于实用价值较高的旧城市绿地，改造更新时则会侧重对于其功能环境的再开发利用。尤其是历史悠久的传统公园绿地，它们大多具有相当丰富的历史和文化内涵，是整个城市绿地发展历程的见证和特色文化的体现，是城市文化景观的重要组成部分，例如具有历史文化价值的建筑物、文物、

遗址以及具有纪念意义的环境场所等。如东塔公园、西塔公园山上宋代古塔周边部分景观的修复，设计师充分利用保护好遗址现有地形、地貌、遗物，为更好地呈现古塔遗址的修复景观，也在改造中将其保留下来。此外，对历史文脉的尊重还应体现在改造更新时对传统格局与肌理的延续上，如采用中国传统园林风格建造的东塔公园，在城市绿地更新过程中，在优化使用功能满足市民公共活动需求的同时，也要做好公园的传统格局和文化元素的延续和保持，在其主入口广场改造更新时，由于原有位置既是人流集散广场又是停车场，水泥面层老旧破损，混杂各种机动车和非机动车，人车混流存在安全隐患。改造更新时，取消该处机动车停车功能，将车

图 1　东塔公园入口区改造前后效果对比

辆引流到附近停车场，划出主入口集散广场和局部非机动车停车位，通过文化景墙来分隔遮挡，广场铺地增加乐成八景之一"东塔云烟"主题地雕来凸显公园主入口文化内涵，改造后公园景观面貌得以很大提升。（图1）

对于历史人文元素不突出的城市绿地环境，在改造更新过程中，要充分挖掘场地和周边环境中的历史人文脉络。在历史的时间轴上，城市绿地在被场地历史文脉渗透过程中，或多或少都会留下些烙印，因此在绿地更新中，需要对文化元素的植入和原有文化的可持续性进行思考。改造更新要引人回忆，直抵人心，留下乡愁印记。文化的传承不只是连接、延续历史，还是重构之中契合当下需求，更是对未来的展望。如市民公园改造更新项目通过对乐清的历史与人文挖掘分析，尤其在公园中心主轴景观提升中运用时间轴从古到今的融合变迁，通过历史美、花园美、场地美

图2　市民公园改造前后效果对比（该项目竞标方案刚通过初步设计评审）

的再创造，让人们穿越时间和空间，提升城市公园绿地的内涵、格调与承载力，创造经典的"景"，成为不过时的"场"，形成场地时间轴上"景与场"的新场所精神。（图2）

纵观城市周边某些改造设计方案和实践，尽管存有对历史文化特色尊重的意识，但是在改造中有效利用这些难得的要素，通过更新来增加绿地的历史厚重感方面却仍需改进。历史文脉在某种程度上可以唤起人们对历史和乡土文化的热爱和强烈的认同感，这是历史

遗留的宝贵资源，这些资源一旦被破坏就难以得到恢复。因此，在城市绿地的改造更新中，对历史和文脉的尊重要同原有绿地环境整体特征的运用有机结合起来，既不能忽视，也不能过分强调，避免对改造的基本目的产生太多的干扰。

5. 城市绿地更新要做好新旧景观的融合

城市园林绿地，尤其是公园绿地通过多年的管理维养建设，山水构架、地形植被、配套设施等大多已成规模，这些都是改造更新面临的挑战。对城市绿地的更新改造要坚持有所为、有所不为的原则，一方面要求设计者眼光独到，对旧景观去芜存菁，另一方面要求设计者匠心独具，将符合时代特征、满足当下需求的新景观融入园林绿地，使新旧体系在空间和时代上完美地结合。改造设计要基于原有绿地现状条件、自身特色，抓住原有绿地特有的空间形态结构、景观体系，因势利导。尊重原有景观空间格局，对郁闭度高而杂乱的植物群落进行科学合理的梳理，打开透景线或增加人性化活动空间，融合人的元素，增加人的参与性，通过人的活动，使绿地活起来，提升城市绿地吸引力。

6. 城市绿地更新要科学合理做好植物环境和植物景观的改造提升

植物要素是城市园林绿地环境中占比最大也是最重要的组成部分。"前人栽树，后人乘凉"是中华民族的传统美德，也是生态文明理念的核心体现。因此，在我国对于城市绿地环境中的植物要素的更新中保护大于改造，在对过去的改造实践案例分析研究中发现，对于绿地环境内的古树名木的保护和养护已经积累了相当丰富的经验，然而根据功能需求、植被结构调整需求，对于绿地原有植物群落如何采取科学合理的疏伐、移植及补植等手段却不是很重视，甚至很多做法存在不科学、不合理现象。国外城市绿地改造更新的实践表明，科学、适时地对绿地环境中植物群落施行疏伐、移栽等改造措施，不仅有利于群落的健康稳定生长，使其健壮、茂盛、花卉色泽更绚丽，更能保持良好的景观美化效果，而且有利于在植物群落中引进新的植物品种，完善群落的生态结构，有效提高绿地整体生态效益的同时，有计划地对植物群落进行调整，还利于优化植物的美学形象等。绿地内的植物环境有时候还需要从立地条件改起，由于原有生境条件出现土壤贫瘠或板结不透气等，植物群落生长态势越来越差，要保证花草树木的成活和健康生长，就必须先对土壤进行改良，因此，不能只为了保护城市绿地内的植被，就宁可让植物自生自灭，也不愿通过主动、科学的方法改造更新。要提高城市绿地改造更新质量，提高科学改造植被环境的技术水平，从绿地建设的长远可持续发展着想，应该鼓励对植物环境改造的研究和方法进行创新，科学合理地对城市绿地植物环境进行改造更新。同时，随着植物培育技术日新月异的发展，新优植物品种的不断推出和应用，我们需要通过绿地改造更新，替换掉部分容易老化退化、难以管养的老品种，使得城市绿地景观更加亮丽多彩。

7. 城市绿地改造更新要有前瞻性目标

城市绿地更新设计过程中，由于经济利益、政治利益等因素的驱动，常出现忽视城市绿地长远发展，无序改造的现象。或是对其进行大规模、高速率、表面式的突发改造，或是采取哪里疼医哪里的消极改造方式，或是决策者的个人主观意愿占主导，这样的改造更新结果往往会造成城市绿地原有的景观空间结构的破坏，并带来人力物力的严重浪费，也会成为未来发展更新的大难题。对于城市绿地更新改造设计的决策，需要决策者、管理者、设计者、实施者的共同参与，权衡利弊，理性分析，准确定位，目标设定要具有前瞻性，实施计划要具有灵活性。结合绿地实际情况、城市建设时序、投入资金情况等因素，围绕最终改造目标提出分步走的实施计划。城市绿地更新改造是一个循序渐进的过程，以适应时代变迁、改造投资和实际需求的变化。

二、城市绿地改造更新实例

近年来，随着人民生活质量不断地提高和城市建设快速发展，人们不但注重居住区内部配套设施的完善、服务管理水平的提升，还关心外部更为广阔的生活空间，对于城市公共绿地建设的看法也由单纯艺术形式的追求、视觉的快感转变为关注生活环境的健康，注重绿色系统的生态功能和效应。城市公共绿地提升改造更新恰好满足了人们日常生活中需要与自然亲密接触的愿望，使人们能在城市自然中享受户外赏花赏景、休闲、健身和游憩等活动。人们对城市绿地的能级提升迫切需求给园林绿化建设带来了新的思考、新的挑战。

本文归纳整理出乐清市近五年城市绿地改造更新部分实例，这些都是由笔者亲身参与全过程监督管理并主持技术指导的项目，而且都是经过完善的前期调研工作和多年完善的系统化改造提升后的成果，结合其绿地性质、景观形态、功能定位等特点，分成四类绿地篇章，通过改造更新实例分析和成果展示，与同行交流探讨，以期对今后城市绿地改造更新建设具有一定的指导意义。

（一）实例分析 1——公园绿地篇

　　公园绿地是城市中向公众开放的、以游憩为主要功能，有一定的游憩设施和服务设施，同时兼有生态维护、环境美化、减灾避难等综合作用的绿化用地。公园绿地是城市建设用地、城市绿地系统和城市市政公用设施的重要组成部分，也是展示城市整体环境水平和居民生活质量的一项重要指标。本篇包括 11 个公园绿地改造更新实例。

清和公园

　　清和公园总占地面积约为 131.1 万平方米，其中水体面积约 74 万平方米，公园包含了"山、河、海、城"四大景观元素。建设之初公园定位为城市郊野湿地公园，主要功能以城市排洪、滞洪为主，总体投资定位不高，以粗放型管理为主，2019 年功能定位变更为城市综合性公园，经过多年持续改造更新和精细化管养，在原有空间格局上加强和突出原有景观和植物特色，增大公共空间开放性和功能性，打造清和八景，使公园更加美丽宜游，成为集聚观光游憩、休闲健身、自然生态和优美景观于一体的城市综合性公园，并获得浙江省省级优质综合公园的殊荣。

一、改造更新前存在的问题

　　1. 公园原有基地为滩涂和养殖地，大部分区域土壤盐碱化较严重，存在板结、石块偏多等现象，后期养护粗放，未及时改良土质，植物总体生长态势不佳，难以成冠成林，甚至有些越长越差。部分植物存在死株、枯株或半残次现象，植物形态缺乏美感。

2. 局部地形沉降不均匀，存在低洼积水现象；部分区域地势较低，地下水位又较高，不耐水淹乔木根系无法深入生长，遭遇稍大台风时易倒伏。

3. 植物配置品种虽多但主次不分，疏密关系没有处理好，层次感不明显，布局艺术感不强，致使整体植物景观不美，特色不突出。

4. 底层灌木、地被品种虽多，但未充分考虑林下日照限制、宿根地被较少与常绿地被植物结合使用等，又因粗放型管养，下层空间冬季空缺较多，植物景观缺乏立体层次感。

5. 空间格局上草坪太零碎、分散，乔灌木疏密空间太均衡，背景林层次不够。公共空间开放性和功能性较差，不能满足新时代公共游憩休闲需求。

6. 主入口西北侧近三万平方米纯绿地空间整体杂乱，缺乏游憩功能；植物配置单一，生长态势差；原有水渠平直却无蓄水功能；原有非机动车停车位破旧不堪，而且位置选择也不合理，影响入口形象；靠近市政道路的边界地带缺乏与城市有机联系。

二、改造更新思路

1. 首先改善立地条件，挖除局部土质较差土壤，清理多余石块，用优质黄土和有机肥堆坡改良现状土质，按景观需求重新营造地形，使排水更顺畅、地形更整洁美观。

2. 公园整体在原有植被分布情况基础上，按植物四季季相分区，重新增植特色植物，使各分区原有植物景观季相特色更突出。

3. 按区域梳理现状植物配置，理出死株、长势不好的、断头和半残缺等形态太差的树木，移植和保留现有长势较好的乔灌木，按景观特色定位增植相应品种，整理形成疏密有致的植物景观空间，使植物景观更有立体层次感，背景林和阳光草坪更有视觉冲击力。

4. 对几处重点区域进行大提升改造，营造优美、良性的植物景观和植物环境的同时，使绿地能更好地满足使用主体的需求：

（1）中间岛屿整理出更宽阔的阳光空间来布局郁金香花展，其他植物按景观视线需求整合成花展背景林，使植物立体层次更丰富。围绕岛屿内湖部分，利用现有观景台、观景走廊位置，围合水域大面积种植多品种荷花、莲花，夏季以观荷为主景。其他岸线按实际标高重新规划设计水生、湿生植物。

（2）背景林、密林部分增植杉木类（水杉、落羽杉、池杉等）、彩叶类（乌桕、无患子、沙朴、鸡爪槭、金枝槐、羽毛枫、红枫等）树种，突出天际线和秋季彩叶景观效果。密林区靠近水域处增加观景台、游步道及其他配套服务设施，充分发展岸线景观，增加休憩游赏空间。

（3）原有梅林区重新整理，营造地形，引入原有溪流，通过对溪流岸线自然生态式驳岸整理打造，扩大种植区域，除了按空间组合增植多品种梅花外，适当点植其他季观赏植物，并于其中增设休憩功能的建筑小品、景观桥、游步道和休憩平台等，形成一定规模以赏梅为主植物景观层次分明、配套服务设施齐全的梅林景区。

（4）主入口西北侧纯绿地观赏空间，需要提升其功能定位，重新规划设计，增设游步道、景观桥梁、自然生态式驳岸和叠石流水景观，结合河边绿道原有植物特色（樱花），使其成为主入口区重要的游憩赏樱区和阳光草坪休闲区，增加绿地开放性和功能性。

（5）其他区域主要出入口，增设公园 LOGO 景观标识，并搭配好植物景观，使公园边界与城市衔接更紧密、开放。

5. 林缘线下底层灌木、地被按改造范围来重新定位设计，按季相需求成片种植突出特色；由于地形重新整理，原有草坪基本荒废，按空间组织重新铺设，兼顾四季常绿景观需求和后期维养难易程度，建议草皮选用马尼拉满铺，冬季追播黑麦草。

6. 沿着公园内绿道周边位置增设休憩亭廊、公厕和观景平台等配套服务设施，适宜位置增设老年和儿童活动场所及配套服务器材，满足市民多元化生活方式需求。

三、改造后成效

中心公园

　　中心公园总面积 178200 平方米，是城市中心城区综合性公园。由于建设时间较早，较多设施已经陈旧，很多功能已无法适应现代公共需求，植物群落生长茂盛，林下郁闭度太高，下层植物更林和退化现象严重，须改造更新。根据现状理出重点，改造更新主要内容包括北区广场、南区儿童活动区、东入口广场、夜景照明提升等，着重突出公园特色风貌，增强公园活力和体验感，同时使得植物更好地生长，景观更优美。

一、改造更新前存在的问题

　　1. 北入口区　水幕景墙面层石材破旧不整洁美观；原有廊架较为隐蔽，样式陈旧不美观，使用率较低；水边原有护栏老化破损，存在安全隐患；周昌谷美术馆南面阳光草坪区地形不平整，草坪积水长势不佳，植物群落较凌乱，绿地缺乏开放性和功能性。

　　2. 南区（儿童游乐区）　地面均为石材铺地且老化破旧，缺乏游乐安全性；中间旱溪功能单一，缺少儿童嬉水互动设施。乐园缺乏主题性、故事性，缺少家长看护休息区域；植物群落郁闭度高，下层植被老化退化严重。

　　3. 东入口区　入口缺少仪式感和文化性，植物群落密集凌乱，缺乏立体层次感；花岗岩铺地存在沉降破裂现象，原有小品构筑物风格不统一，样式陈旧。靠近周边社区一侧，现状过于单调，缺少特色，需要营造一个开放、有温度的场所，增加人的参与性。

4.公园整体电气照明设施较陈旧，夜景亮化景观效果有待提升。

二、改造更新思路

1.北入口区　修复轴线景墙和花岗岩铺地，改造入口老旧廊架，疏伐、整理提升美术馆南面阳光草坪区域。

2.南区（儿童游乐区）　儿童区重新设计体现主题性，分年龄段布置活动空间，营造全龄儿童乐园，加强亮化，满足夜间游玩需求，保证景观效果。

3.东入口区　强化入口仪式感，增设 LOGO 标识，通过场地竖向调整、广场石材面层修复和植物群落梳理，营造开放、有温度的入口空间，更好地与城市边界相融合。

4.更新电气照明设施，添加夜景亮化景观效果，提升公园绿地吸引力。

三、改造后成效

双雁公园

双雁公园位于双雁路和玉箫路交汇处，西起双雁路，东至良港路，南临中运河，北靠玉箫路，是典型的滨水公园。总面积 43894 平方米，改造更新主要内容包括公园主次入口、儿童活动场所及配套服务设施和植物景观等。

一、改造更新前存在的问题

1. 主入口交通流线未做到人车分流，人流导向性较弱。次入口与停车场入口无明显分隔，安全性较差；入口标识不突出，入口形象欠佳。

2. 公园特色植物观赏区缺乏观赏线路规划；疏林草地地形起伏较小，草坪空间高低不平存在积水现象，周边植物景观特色不明显。其他区域植物群落郁闭度较高需要梳理更新。

3. 公园游玩空间较分散，缺乏儿童主题游玩空间及配套服务设施。

二、改造更新思路

1. 主次入口重新打造，通过台阶分隔人流和车流入口，增加特色景墙和 LOGO 花坛，突出和强化入口景观。

2. 在原有特色植物美人梅种植区域通过梳理和移植，规划出景观视线走廊和游览线路，并打造疏林草地休闲浪漫区域，增加公共空间的开放性和功能性。

3. 将儿童活动空间集中一处，通过扩大面积，增加功能性、趣味性的游玩设施来提升儿童游玩空间。

三、改造后成效

东塔公园

　　东塔公园平原部分总面积约 60000 平方米。公园建于 20 世纪 90 年代，是乐清建设年代最早的公园，原有功能定位无法满足现代休闲、游憩、健身需求。改造更新主要内容包括主入口广场、林下空间和儿童游乐空间，提升公园入口景观和游憩、活动空间功能及植物景观。

一、改造更新前存在的问题

　　1. 公园主入口广场原为机动车和非机动车停车位，现场杂乱无章，人车不分流，地面为混凝土面层，磨损开裂较严重，整体形象很差。

　　2. 植物生长茂盛，郁闭度太高，底层灌木退化、草皮枯死、黄土裸露现象较多。

　　3. 儿童游乐场所较分散，游乐设施及器材较为单一，地面为硬质铺地，安全性不够。

　　4. 健身、游憩人流量大，游憩休闲空间需要增加和扩大。

二、改造更新思路

1. 引导机动车停放至公园附近停车场，主入口广场改为游客集散广场，划出单独一块区域用于非机动车停放，与主广场中间用特色景墙遮挡分区，并于广场中间铺设乐成八景之一"东塔云烟"主题地雕，提升公园入口主题特色景观，突出地域文化内涵。

2. 根据不同场地的植物群落分布和生长具体情况，有时序、有计划地进行生态修复和梳理，建立更加稳定的生态系统和特色（秋色叶）植物景观。林下空间部分种植耐阴或半耐阴植物，部分场地保留上层高大乔木，梳理掉长势不好的小乔木和灌木，进行地面硬化铺地，打造林下休憩游玩空间。

3. 整合原有分散的儿童游乐空间，增加儿童配套服务设施，融入"童趣"理念，用明亮的彩色 EPDM 塑胶面层铺设，配备适合儿童年龄特点的游乐设施，为儿童提供安全、富有童趣的活动场所。原有健身场地也采用彩色 EPDM 塑胶面层铺设，更换健身器材。

三、改造后成效

胜利塘河公园

　　胜利塘河公园为塘河两侧绿带景观，绿地长约 3200 米，宽约 160 米，总面积 482690 平方米，其中河道面积 136690 平方米，绿地面积 346000 平方米。原有塘河水系与城市上游水系不连通，顺势而建，整体驳岸压顶标高定位较低，现与城市整体水系连通后，水位整体平均上升 40 厘米，两岸绿地需要重新改造更新。项目改造更新包括岸线增植水生植物、海塘侧花海营造、照明亮化、健身跑道面层更新及亭廊、公厕等配套服务设施提升等内容。

一、改造更新前存在的问题

　　1. 绿化空间功能单一，视觉效果单调，缺乏林下休憩、活动空间，绿地开放性和功能性不足。水位上升后水淹绿坡部分缺绿，防护林下黄土裸露。

　　2. 部分景观设施陈旧破损；沿岸休憩观景功能无法满足日益增长的人流量需求。

　　3. 公厕蹲位与游客容量不匹配，设施陈旧，配套服务设施不完善。

　　4. 外侧为海塘防护林带，土壤盐碱度较高，种植条件差，其他植物整体生长不良。

二、改造更新思路

1. 沿两岸种植耐盐碱水生植物，弱化生硬驳岸，适当点植水杉、池杉、落羽杉等色叶林，丰富天际线。

2. 改良局部种植土土质，随绿道增植绿化，弱化现绿道的生硬感，合理营造草坪空间、绿化空间和活动空间。靠近绿道阳光充足处打造四季花海。

3. 裸露地被复绿，木麻黄林下增设一条林荫栈道，并于一定的距离内增设游憩休闲平台，外缘种植色叶及开花类乔木，丰富林缘线。

4. 修复花岗岩铺地、栏杆、坐凳等破损设施，重建景观亭，改扩建四个公厕，升级和丰富其使用功能。

5. 沿河增设几处观景平台。适当位置增加主题雕塑和景观小品。

三、改造后成效

宪法文化公园

　　宪法文化公园位于市政府东侧，四周为图书馆、文化馆、剧院、电影院等公共建筑，公园总面积 80942 平方米。项目改造更新主要包括硬质景观、配套设施、绿化提升和宪法主题文化植入等内容。

一、改造更新前存在的问题

　　1. 原有主入口两侧为溪卵石铺的非机动车停车位，工艺粗糙，影响主入口区形象。

　　2. 整个公园建在地下室顶板上方，排水不畅，整体植物长势不好，主要节点植物较为稀疏，缺乏景观亮点。

　　3. 局部园路不够顺畅，需要优化，并需要组织一条园路连通公园外部东西侧绿道。

　　4. 公园定位为宪法主题公园，整体缺乏主题文化元素。

　　5. 部分绿地内堆坡过高，植物长势一般，形态欠佳且缺乏层次感。

　　6. 现状部分节点铺装存在破损老化现象。电气照明设施破损老旧。

二、改造更新思路

1. 总体框架不变，增加宪法文化景观元素，突显公园主题特色。

2. 优化现有园路，设置一条流线形绿道连通公园外部绿道。

3. 修缮原有破旧亭廊，增设配套服务设施，提升城市绿地吸引力。

4. 优化绿地竖向，移除长势较差的植物，改良土壤，优化原有植物群落，增植水生植物柔化生硬驳岸，提升公园整体植物景观。

5. 重新铺设主入口广场及两侧人行道石材面层，提升主入口形象。更换和修复广场、园路原有破损铺地。

6. 增加照明亮化夜景效果，提升公园夜间活力。

三、改造后成效

东山公园（一期）

　　东山公园（一期）位于千帆路与胜利路交叉口，总面积49300平方米，项目改造更新主要包括硬质景观和整体绿化提升等内容。

一、改造更新前存在的问题

　　1.原有种植土土质较差，施工单位养护不到位，植物普遍长势较差。

　　2.缺乏主题特色植物，植物配置缺乏高低和色彩层次。

　　3.公园入口开放性差，节点景观效果不佳。

二、改造更新思路

　　1. 改良种植土土质，优化植物配置，增加特色主题树种和色叶树种，使得公园植物景观层次更加分明。

　　2. 优化公园主入口景观，梳理移植部分植物，使公园开放性景观视线更优，重要节点增加花境景观。

　　3. 加强精细化养护管理。

三、改造后成效

景贤公园

　　景贤公园位于乐清老城西北部丹霞山下，有"乐成八景"中的两景"双瀑飞泉""白鹤晨钟"，山体自然环境优美。公园总面积88000平方米，改造更新主要包括景贤路周边的登山步道、广场铺装、廊架、牌坊、照明亮化及公厕等内容。

一、改造更新前存在的问题

　　1. 公园缺乏入口标志标识，夜景亮化效果不强。

　　2. 入口处金溪的南侧绿化带植被较为密集，杂乱无章。

　　3. 多处景观节点须提升，文化元素融入较少。寺庙围墙外侧大树缺乏树池保护。

　　4. 登山道路和练功台及观景平台地面均为混凝土面层，栏杆也为混凝土预制材质，破损老化较严重。

二、改造更新思路

　　1. 采用本地大溪卵石，增加公园入口LOGO标识，提升入口景观效果。

　　2. 对硬质景观提升后的登山道及各个平台周边进行绿化提升。

　　3. 对几处重要部位进行重点改造提升：

　　（1）对登山道路进行提升，将原混凝土路面提升为老石板铺装，台阶高度控制在12厘米，道路右侧增加40厘米生态排水沟。

　　（2）保留听弦亭，对混凝土铺装进行提升，改造为块石铺装；右侧山体修建挡土墙，结合绿化进行打造。

　　（3）白鹤寺围墙外大树增设带有文化特色的花坛坐凳。对地面铺装进行提升，改为老石板铺地；在山体一侧修建挡墙并设置诗词主题浮雕，结合户外家具营造一处安逸闲适的文化场景。

　　（4）对登山步道沿线裸露的崖壁进行文化植入，收集历代著名的诗歌作品，以摩崖石刻的形式进行展现，形成一条特色文化带。设置3处特色山门，进一步提升公园的文化气质。

（5）对公厕进行升级改造，通过立面改造使建筑风格与周边环境更加协调。

4.公园主入口和建筑小品及沿着登山道两侧做亮化夜景提升。

三、改造后成效

清亲公园

清亲公园位于经济技术开发区纬十路，改造更新内容包括植物梳理提升、种植土改良、微地形塑造、硬质铺装拆除与维修、景墙改建和亮化提升工程等。改造总面积为 19380 平方米，其中绿化面积 10700 平方米，硬质景观面积 8680 平方米。

一、改造更新前存在的问题

1. 公园入口景墙样式老旧，现状植物色彩单一，缺乏层次，不够丰富。

2. 其他区域植物层次不明显，土壤板结、裸露较多，景观性较差。

3. 原有水岸景观单调，水生植物缺乏，乔木数量稀少，须重新梳理。

4. 园路、广场铺地石材破损老化较严重，广场周边砖砌花坛石材贴面破损脱落较多。

二、改造更新思路

1. 增强入口辨识度，更换景墙面层，增加植物群落，丰富植物景观层次。

2. 按景观层次和疏密空间布局需求，优化植物群落，疏伐部分长势较差植物，通过移植、增植上层和中下层植物品种，增强植物景观层次感。

3. 优化水生植物配置，增加水生、湿生植物，丰富水岸景观。

4. 破损铺地和硬质景观进行修补、翻新；砖砌花坛拆除，采用石材侧石围合，材质与铺地石材更协调，景观立体层次更佳。完善电气照明设施，增强夜景亮化效果。

三、改造后成效

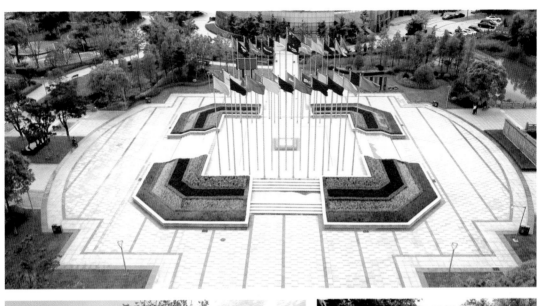

乐清站站前广场及周边绿地

乐清站站前广场绿地总用地面积约133300平方米。改造更新主要包括硬质景观、绿化提升和亮化夜景等内容，通过提升动车站的整体形象，达到美化环境、吸引人流的目的，以全新的面貌迎接全国各地的旅客。

一、改造更新前存在的问题

1.原有绿地空间布局不合理。植物分布较为平均，养护不到位，植物群落杂乱无章，层次不分明，下层存在部分枯萎、黄土裸露现象。

2.人行流线不合理。部分区域园路较多，与滨河道路又缺乏连接，浪费自然滨水资源。

3.现状园路、广场、人行道铺装和树池等陈旧脏乱，局部破损严重。

4.园内标识墙、宣传栏等设施陈旧破损。

5.公园原有基础照明设施破旧，缺乏夜景效果。

二、改造更新思路

1.优化植物空间布局，保留原有长势良好的大乔木，增加草坪空间，增加节点植物组团。梳理原有绿地空间，打造疏林草地和密林区，使植物群落疏密有致，层次更加分明，增加绿地开放性空间。

2.优化园内人行流线，去除不必要园路，连通西侧入口广场与中心区域。连通滨河道路，增加滨河休息节点，增加绿地功能性空间。

3. 清洗更换园内破损铺地面层；人行道板老化破旧较严重，建议更换成石材面层和侧石。

4. 拆除废弃的破旧景墙等，重新打造节点景观。

5. 更换老旧废弃照明设施，增加整体绿地夜景亮化效果。

三、改造后成效

晨沐广场及周边绿地

晨沐广场及周边绿地位于老城和新区交接点，即宁康东路、旭阳路的交叉口上，南临银溪，东临喜来登大酒店。广场呈三角形，总占地面积约为 27000 平方米，是乐清老城区的城市广场之一。改造更新主要包括硬质景观、绿化提升和增加亮化夜景等内容。

一、改造更新前存在的问题

1. 原有植物配置以常绿植物为主，缺乏色叶季相景观；原有加拿利海枣病害严重，需要更替；局部区域植物群落密集，缺乏层次。

2. 周边绿地中心花坛体量占比过大，造型呆板，植物配置单一，缺乏层次。

3. 周边绿地缺少休憩、活动等开放性空间。

4. 广场硬质景观破损较多，需要维修和更换。

5. 中心旱喷设备年久失修，无法正常使用。

6. 缺乏配套服务设施，电气照明设施陈旧。

二、改造更新思路

1. 原有大草坪空间增植银杏林，既作为广场背景林用，也增加整体秋色叶景观。

2. 梳理原有植物组团，留下大榕树、大香樟及其他高大乔木，去除其他林下长势不好的亚乔木和灌木，按光照区域种植一片观花植物，下层种植耐阴地被和灌木，丰富植物景观层次。

3. 修复原有破损硬质景观铺地和廊架，周边绿地增设休憩驿站，提升公厕服务功能。

4. 更新照明设施，增加夜景亮化景观。

三、改造后成效

（二）实例分析 2——道路绿地篇

　　道路绿地是指在道路用地范围内，用作栽培植物和造园布景的地面。位于路基边坡、道路互通、中央分隔带、分车带、防护带以及广场、人行道等处。用以净化空气、美化环境、调节气候、防噪、防雪、防火以及遮阳、防眩等。形式有行道树、林荫道、绿篱、花丛和条形草地，本篇章包括 12 处道路绿地改造更新实例。

甬台温乐清高速互通绿地

　　高速交通绿化定位较低，养护粗放，缺乏门户形象。改造更新主要内容包括甬台温高速乐清的出入口绿地、连接线两侧隔离带及中央绿化带等，总用地面积约 10 万平方米。

一、改造更新前存在的问题

　　1. 基地现状总体景观单调，空间形态单一，整体风貌有待提升。高速管理服务站用地范围内景观也很差，配套服务设施缺乏。

　　2. 五个片区内的绿化主要为高速防护性绿化，但由于前期苗木品种选择单一、中期绿化施工粗糙和后期养护不得当等因素，现状绿化景观效果较差，植物高低和色彩层次均不明显；基地地形不平整，存在积水现象。

　　3. 甬台温高速主线南侧紧靠两座山体，现状山体绿化为自然山体植被。临近公路一侧存在大面积的开挖边坡，现状边坡多为裸露的岩石层，缺少绿化覆盖，影响互通区的整体景观形象。

4.万翁线和甬台温高速两侧绿化为带状防护绿化，现状苗木长势较差且存在绿化界面断层的情况。主要采用的苗木为香樟及水杉，品种较为单一。

5.缺乏文化内涵，地域标识不明显，缺乏夜景亮化景观。

二、改造更新思路

1.地形按景观视线分析造景需求，重新整理、堆坡营造微地形。

2.结合景观布局，通过对场地的空间梳理，营造不同的植物空间，梳理出密林空间和疏林空间及其他边界空间。增加季相明显的色叶开花植物品种，营造四季分明和景观层次分明的植物景观。

3.对道路交叉口及重点区域进行重点提升改造，设置景观小品，打造精致丰富的特色景观。山地道路景观处顺着驳坎间种层次变化的灌木带，增加车行视觉体验。上层平缓地段对植物重新梳理，营造简洁轻松的氛围。沿台地方向点缀季相变化的色叶大乔，打造多彩变化炫彩花台。

4.加强林缘线和天际线植物种植，丰富景观层次，遮挡后面高速管理服务用房。

5.通过提升改造原有马踏飞燕雕塑及周边景观环境，增加乐清景观元素，突出地域文化特色。

6.提升高速管理服务站用地范围内景观，增设配套服务设施。

7.增加夜景亮化景观和给排水系统。

三、改造后成效

乐清北高速互通绿地

　　高速交通绿地定位较低，入口形象不突出。改造更新主要内容包括高速互通绿地、连接线两侧隔离带及中央绿化带等，总用地面积约 11.72 万平方米。

一、改造更新前存在的问题

　　1.绿化整体维养不到位，总体土质较差，植物总体生长态势不佳；层次不分明，缺乏景观效果和特色。

　　2.绿地地形不平整，存在积水现象。

　　3.道路两侧有歪歪扭扭的排水明沟，容易积累垃圾，景观效果差。

　　4.文化特色不突出，缺乏夜景亮化景观。

二、改造更新思路

　　1.地形按景观视线分析造景需求重新整理、堆坡营造微地形，整理过程中增加有机肥和更换部分种植土，改良原有土质。

　　2.结合景观布局，通过对场地的空间梳理，营造不同的植物空间，梳理出密林空间和疏林空间及其他边界空间。对道路交叉口及重点区域进行提升改造，通过植物精致化配置，打造丰富的植物景观。

　　3.连接线道路两侧明沟改成暗渠，绿地与道路之间分割线增加平整或流线型侧石，使得道路两侧绿地景观整洁美观。

　　4.通过对场地的实际调查，结合场地的地形变化和植物品种的高低组合，丰富林缘线和天际线的变化，营造多层次植物景观。

5.增植季相明显的色叶和开花植物品种，营造四季分明和主题特色的植物景观。

6.将原有植被遮挡的景观构架通过前景梳理透景出来，并通过增加景观元素，突出地域文化特色。

三、改造后成效

雁荡高速出入口周边绿地

改造更新主要内容包括高速出入口匝道与 104 国道交叉口的两处交通绿化岛及两侧绿化带绿地等，总用地面积约 2.5 万平方米。

一、改造更新前存在的问题

1. 绿化整体维养不到位，生长态势总体不佳；植物群落层次不分明，缺乏景观效果和特色。

2. 连接线道路两侧地形坡度较大，植物品种单一，景观效果差。

3. 文化特色不突出，地域标识不明显，缺乏夜景亮化景观。

二、改造更新思路

1. 地形按景观视线和造景需求重新整理，局部堆坡营造微地形。

2. 通过对场地原有植物组团空间梳理，营造不同的植物群落景观；增加色叶、开花植物，营造四季分明和景观层次分明的植物景观。

3. 对道路交叉口及重点区域进行重点提升改造，通过增设具有地域文化元素的景观小品配合植物群落，打造精致且富有文化内涵的特色景观，突出地域文化特色。增加夜景亮化效果。

4. 通过对高速出口连接线道路两侧沟渠压顶自然式叠石处理，减少两侧绿地坡度，种植高低组合、色彩层次分明的乔灌草，丰富道路两侧植物景观。

三、改造后成效

大桥北高速互通绿地

地处乐清与永嘉交接处，改造更新主要内容包括甬台温高速公路大桥北出口绿地、高速互通及周边道路两侧绿地，总改造提升面积约 15 万平方米，其中水体面积 2 万平方米。

一、改造更新前存在的问题

1. 基地现状总体景观单调，绿地由于属地分割不明确，局部处于无人监管状态，整体绿化处于自生自灭状态，外围植物密集到看不到内侧景观，整体景观效果较差。

2. 植物生长态势总体不佳；植物群落层次不分明，缺乏景观效果和特色。

3. 生态水池周边杂草丛生，景观闭塞。

4. 文化特色不突出，地域标识不明显，缺乏夜景亮化景观。

二、改造更新思路

1. 按景观视线和造景需求重新整理场地，局部堆坡营造微地形。

2. 保留基地内部良好的植被和水塘，对水系、驳岸再梳理，形成可渗透的雨水花园，营造生态湿地景观。

3. 通过对场地原有植物群落进行空间梳理，形成疏密有致的植物群落景观；透出自然水体景观；增加色叶、开花植物，营造四季分明和景观层次分明的植物景观。

4. 对基地原有的防护林结构进行完善，形成优美的防护风景带。

5. 重要节点与主要视线区域重新梳理，保护性提升两侧绿化空间。新增部分乡土树种和观花、观叶植物，丰富季节变化，结合现有地形及背景林打造标志性景观绿化空间。

6. 于乌牛镇入口空地处，采用自然式植物组团的手法与周边景观相融合，打造精致的入口处节点景观，并在高速收费站办公区新增一处休憩管理用房。

三、改造后成效

晏海路（六环路）绿地

改造更新主要内容包括道路红线范围内的绿地及四个重要交叉口绿地，总绿地面积为 113920 平方米，其中 3.5 ～ 8 米宽的中间隔离带总面积为 61832 平方米，两侧各 1.5 米宽的机非隔离带总面积为 20624 平方米，四个交叉口节点总面积 31464 平方米。

一、改造更新前存在的问题

1. 该道路绿化工程原先为交通道路绿化标准，景观定位档次较低，中央隔离带中设 1 米宽排水明沟，道路两侧为农田、园地等自然风貌。市政府将此道路移交市政园林管理部门后，重新按市政景观大道标准来定位。

2. 与城市界面相邻很近，与几条城市市政主干道交叉，街景景观较差。

3. 场地周边植物以农田、樟树、杂林为主，植被空间较为单一、杂乱，特色不突出。

二、改造更新思路

1. 打造"乐清诗画山水生态文化走廊"的绿廊。通过文化展示、重要节点空间，结合现代手段，呈现中心城区的魅力与活力。规划一个水墨丹青似的光影秀，以优雅美丽的橙白为基调塑造出林带的灯光背景，在空间上创造出唯美的薄雾视觉效果，表现中心区夜间优美的曲线轮廓，灯光还可以随着季节的变化而变化。

2. 加强住宅区、绿带、公园的相互联系。通过打开城市公共功能节点的空间廊道，加强绿带与周边的互动，形成开合有序的景观和功能空间。

3. 贯通慢行交通，串珠连线。贯通 2 米的智慧绿道系统，打造山水田园的特色游线，场地为开放式的绿地空间，有组织的进行出入口引导。

4.增加公共节点。整合文化节点、口袋公园及交通流线，形成人性化的休闲场地，通过竖向整理，实现主要活动场地的无障碍，通过慢行连接，将现有的开放空间串联成片。

5.增加场地空间的渗透性——远山、近田、亲水。通过梳理竖向高差，强化主要视线空间，通过引景、借景来突出生态带空间的渗透性。

6.绿化进行彩化、美化、主题化提升。突出植物空间的文化性，强调植物群落的多样性与生态性，突出主题化，梳理山、田、水不同的空间属性，突出地块空间的特色，同时强化下层游憩、活动等功能性空间。

7.完善配套服务设施。沿线增设卫生间、休闲亭廊、艺术走廊、驿站、标识系统和智慧系统等配套服务设施。

三、改造后成效

雁荡山入口松溪大道景观绿地

　　该项目位于进雁荡山景区的必经之路——松溪大道两侧，松溪大道北靠松垟村，南临白溪，地理位置优越，是游客来雁荡山旅游的第一形象展示界面。本次改造更新内容为松溪大道东至104国道西至白芙线段，总长约1.6千米，总景观带面积约为3.3万平方米。通过道路街景立面、景观绿化、夜景亮化等综合改造提升，融入景观、商业、文化、旅游、休闲等多种功能，形成一条具有生态性、现代感、文化感的品质大道，打造具有雁荡特色的生态门户绿廊。

一、改造更新前存在的问题

　　1. 主入区域为老旧废弃车站，有碍景区入口形象，景观界面缺少明显的标识和文化特色，没有突出入口节点的形象与特征。

　　2. 植物景观空间无序，层次杂乱，现场苗木存在老化退化现象，绿化带内无地形起伏，缺少色彩和层次的变化。绿化整体维养不到位，生长态势不佳，缺乏景观效果和特色，行道树长势参差不齐。

　　3. 靠近居民区处绿带较宽，但是缺乏游憩、休闲、健身活动空间。原先门球场地荒废，护栏比较杂乱破旧，健身器材与儿童器械比较单一地散布在草坪中，草地黄土裸露，设施失去正常使用功能。节点缺少停留休憩空间，需要增加亭廊设施，以满足游人休憩。

　　4. 靠近白芙线位置原有古驿站和古香樟需要修复和保护。

　　5. 原有路灯样式陈旧和破损严重，整体缺少照明亮化景观。

二、改造更新思路

1. 拆除原有废弃老车站，改成入口景观休闲绿地空间，以开阔的前景和密植的背景林相互映衬，流水型的园路铺装与植物景观搭配浑然天成，栽植姿态优美的景观树种，打造清爽明亮的景观。通过增加刻有雁荡山独特 LOGO 标识的侧石刻石和地刻雁荡山相关历史人文元素的人行铺地等方式，增加景观文化内涵，突显地域特色。

2. 植物绿化部分，结合现状植物，采用疏林草地和密林群落式相结合的植物布局方式，穿插色叶林的手法，突出四季如花、璀璨雁荡的植物景观。在原有植物品种上调整和增植，突出区域特色，并保证全线四季有景、四季有花。

3. 靠近居民区路侧景观带注重游客和居民游憩功能需求及活动空间的围合，通过点与线的结合，打造舒适、宜居的"口袋"公园。翻新门球场地面与护栏，疏通球场之间的联系，增加坐凳的休憩空间。并将部分绿地改造为塑胶场地，增加活动空间，将健身器材与儿童器械分组放置，增加儿童游乐设施，丰富游玩乐趣。在一旁设置树池坐凳，提供看护休憩的功能，更加突出以人为本理念。

4. 在保留原有雁栖广场轮廓的基础上，适当扩大铺装面积，增加使用率，可作为具有集散和游憩功能的小广场，并于其中增设雁栖廊，作为广场和对面 T 字交叉入口道路视线的端景，丰富广场视觉层次与观赏性，协调周边建筑风格，雁栖廊采用传统木结构廊架。

5. 秉持着尊重历史的原则，对古驿建筑采用修旧如旧的方式进行修复。使原先因存在安全隐患而禁止进入的古驿建筑能重新让人进入，零距离接触历史痕迹。利用现有石块，垒砌花坛挡墙，与古驿站风格相协调。重新梳理地块与现状路面高差的关系，同时做好古香樟的保护措施。

6. 更换原有破旧路灯，增加智慧功能。增加重要节点亮化夜景效果。

三、改造后成效

城区主干道绿地改造更新项目

一、改造更新前存在的主要问题

1. 大部分道路绿化带宽度不宽，绿地率不高。

2. 部分道路绿化植物配置树种单一，植物群落搭配杂乱无序，缺乏季相色彩和景观层次。

3. 部分道路原先建设时限不同或不同建设方施工造成同一道路植物品种杂乱，同一条道路上的行道树种类较多，没有统一性和规律性。

4. 毁绿、占绿现象造成绿化带空缺，黄土裸露部分较多。

5. 部分道路绿带中管网、窨井及其他基础市政设施较多，铺设种植土深度不够，致使后期植物难以正常生长或长势不佳。

6. 部分道路下层灌木老化退化比较严重，急需更新。

7. 部分道路水泥预制侧石破旧老化较严重。

8. 部分道路交叉口退让绿地空间需要改造更新，更好地与城市景观界面衔接。

二、改造更新思路

1. 按"一路一景，一路一品"的设计思路来打造各条道路独特植物景观。着重塑造节点绿化，丰富空间层次。

2. 对于上层乔木长势较好、品种统一性比较明显的道路，保留上层主基调树种，梳理原有中层灌木和杂乱树种，更换下层灌木与地被植物。

3. 对于原有上层植物长势不好而且品种杂乱的道路，全面重新设计，按新的定位来设计上、中、下层植物配置，营造层次和色彩分明的植物景观。

4. 移除部分不必要的市政设施和广告牌，管线深埋或移到侧石边缘侧，增加种植土层厚度。

5. 更换部分土质较差的土壤和掺加一定比例的有机肥来优化种植土土质，平整场地，塑造微地形。

6. 更换水泥预制侧石为花岗岩侧石，并增设赋予地域文化元素的花岗岩刻石，或增设景观小品突显文化内涵。

7. 立地条件允许的道路交叉口绿地，改造成具有开放性和功能性的街头绿地、街心绿地及口袋公园。

三、城区六条主干道绿化改造前后对比

旭阳路

改造更新绿地面积约 22800 平方米，主要内容包括中央隔离带岛头部分绿地（宽度 12～20 米）及两侧机非隔离绿带（宽度各为 2.5 米）。改造后增种植物品种有乌桕、美人梅、红梅、红枫、桂花、黄金香柳、红叶石楠、大叶栀子、紫娇花、金叶石菖蒲、细叶麦冬、马尼拉追播黑麦草草皮等（主要突显美人梅、红梅、紫娇花主题植物特色）。

（一）改造前现场照片

（二）改造后成效照片

纬一路

改造更新绿地面积约 15800 平方米，主要内容包括两侧机非隔离绿带及与云门路交叉口绿地。改造后增种植物品种有朴树、高杆紫薇、桂花、红梅、美丽针葵、八仙花、南天竹、茶梅、火焰南天竹、春鹃、金叶石菖蒲、马尼拉追播黑麦草草皮等（主要突显紫薇、八仙花、金叶石菖蒲主题植物特色）。

（一）改造前现场照片

（二）改造后成效照片

云门路

　　改造更新绿地面积约7600平方米，主要内容包括两侧各2米宽的机非隔离绿化带。靠近海边最近的一条路，打造亚热带海滨风光。改造后增种植物品种有中东海枣、美丽针葵、紫薇、羽毛枫、红花檵木、春鹃、金森女贞、火焰南天竹、朱蕉、马尼拉追播黑麦草草皮等（主要突显中东海枣、美丽针葵主题植物特色）。

（一）改造前现场照片

（二）改造后成效照片

晨曦路

南段（四环路至云门路）改造更新绿地面积约 14300 平方米，主要内容包括两侧各 2.5 米宽机非隔离绿化带和局部行道树更换。改造后增加植物品种有晚樱、红梅、茶花、黄山栾树、红花檵木球、金姬小蜡球、茶梅球、蓝雪花、金线菖蒲、银边麦冬、火焰南天竹、茶梅等（主要突显黄山栾树、晚樱、茶花、蓝雪花主题植物特色）。

（一）改造前现场照片

（二）南段改造后成效照片

北段（二环路至四环路）改造更新绿地面积约6000平方米，主要内容包括两侧各2.5米宽机非隔离绿化带和道路中分线设花箱护栏。改造后主要植物品种有少球悬铃木、羽毛枫、紫薇、红花檵木球、金姬小蜡球、茶梅球、夏鹃、火焰南天竹、金线菖蒲、五色梅、品种月季、马尼拉草皮等（主要突显少球悬铃木、夏鹃、火焰南天竹、品种月季主题植物特色）。

（一）改造前现场照片

（二）改造后成效照片

玉箫路

改造更新绿地总面积约 15300 平方米，主要内容包括两侧各 2.5 米的机非隔离绿化带和局部行道树更换。改造后增加植物品种有银杏、美人梅、罗汉松、银姬小蜡球、南天竹、常绿萱草、马缨丹、金叶石菖蒲、欧石竹、火焰南天竹、茶梅等（主要突显银杏、常绿萱草、马缨丹主题植物特色）。

（一）改造前现场照片

（二）改造后成效照片

清东路

改造更新绿地总面积约 55700 平方米，主要内容包括 2 米宽的中央隔离绿化带和道路两侧各 15 米宽的绿化带。改造后增加植物品种有香樟、朴树、乌桕、水杉、樱花、菊花桃、红枫、鸡爪槭、美人梅、黄金槐、海桐球、红叶石楠球、银姬小蜡球、水果兰、红花檵木、春鹃、金森女贞、亮晶女贞、常绿萱草、五色梅、银边山菅兰、金叶石菖蒲、欧石竹、火焰南天竹、茶梅、兰花三七、麦冬、花叶良姜、朱蕉、马尼拉追播黑麦草草皮等。

（一）改造前现场照片

（二）改造后成效照片

（三）实例分析 3——滨水绿地篇

　　滨水绿地是构成城市公共开放空间的重要组成部分，并且是城市公共开放空间中兼具自然地景和人工景观的区域，水体和绿化的存在尤其显得独特和重要。本篇中的滨水绿地都是通过绿道提升改造串联起来的沿河绿带和滨水公园绿地，包括 5 处改造更新实例。

清和公园绿道滨水绿地

该绿道位于清和公园内，起于甬台温高速公路桥下，止于纬一路，慢行道沿河而建，途经儿童游乐区、清和书苑、中心岛屿花海区等，绿道所在绿廊平均宽度 20 米以上，绿道宽 3 米，总长度约 7000 米，是一条集生态保护、科普教育和旅游休闲等功能于一体的城市滨水绿道，2022 年荣获"浙江省最美绿道"称号。

一、改造更新前存在的问题

1. 绿道在清和公园内，靠近海边土质和水的盐碱度较高，绿道周边植物长势较差，层次感不足，色彩感不佳，空间缺乏开放性和功能性。

2. 绿道周边配套服务设施缺乏；绿道标识标牌有待专项打造。

3. 绿道周边亮化夜景效果有待加强。

二、改造更新思路

1. 改良绿道两侧绿地种植土土质，梳理现状植物，保留现状高大乔木，按层次需要增植部分乔木，重新配置灌木、地被和草坪。靠近道路边缘侧以疏林草坡为主，导向行人和骑车者进入的慢行道系统。

2. 绿道增设专项和特色标识标牌，沿线增设观景休憩平台和驿站及自行车停靠点等公共配套服务设施。

3. 增强绿道周边亮化照明系统。

三、改造后成效

警察公园至东山公园绿道滨水绿地

　　该绿道位于乐清城区横向绿轴中，南起金溪路，东至胜利路。改造更新路线经过市场北侧绿地、中心公园、南虹广场前绿地、市民公园、宪法文化公园等，是整个市区绿道网的重要组成部分，绿道宽度为 2.2 ～ 3 米。

一、改造更新前存在的问题

1. 市场北侧绿地段（清远路至金溪路）

　　绿地内现状游步道出入口与清远路及金溪路都较远，欠缺便捷性。北侧现状园路连贯性较好，比较适宜进行绿道提升，南侧受地形影响，部分地块园路无法连通。现状游步道宽度以 1.8 米宽为主，局部宽度为 1.2 米，游步道铺装面层局部有破损。现状内部有四座景观桥，其中东侧两座景观桥栏杆及木铺装破损较为严重。部分休息节点的铺装面层存在破损情况。现状植物种植形式较单一，缺少层次变化和空间变化，季相色彩较单调。

2. 中心公园段

　　中心公园内部园路基本宽度为 3 米，园路铺装面层为花岗岩，基本上保持完好。园内植物长势较好，景观效果尚佳，须保持养护。

3. 南虹广场前绿地段

西侧整体植物配置、后期养护较好，铺装较新，以商业休闲为主。东侧游步道铺装存在破损现象，局部流线不够顺畅，园路宽2.2～2.5米不等。东侧植物层次单一，长势较差，土壤裸露部分较多，景观性较差。

4. 宪法文化公园段

南侧主入口区整体植物配置以疏林草地为主，景观视野开阔，主要节点植物较为稀疏，缺乏景观亮点。场地内局部园路不够顺畅，需要优化。北侧广场区入口两座景观桥梁的桥面尺度较宽，缺乏景观视觉焦点。广场内绿地堆坡竖向过高，植物长势一般，形态欠佳。部分节点铺地存在老化破损现象。

5. 主要市政道路段（包含玉箫路段、旭阳路段、晨曦路段）

玉箫路两侧为非机动车道，现状大部分已设置绿道，但面层陈旧褪色。旭阳路非机动车道上未设置绿道。晨曦路局部单侧非机动车道已设置绿道，但面层也陈旧褪色。

6. 基础服务设施现状

市场北侧绿地照明设施较为陈旧，南虹广场前绿地庭院灯较新，但缺乏射树灯、草坪灯。现状标识牌、垃圾桶、休闲座椅等人性化基础设施较为陈旧，需统一更新。

二、改造更新思路

1. 市场北侧绿地段

优化园路出入口，北侧拓宽原有园路，拓宽至 2.2 米，面层统一采用蓝色 EPDM。南侧保留原有较好的园路，以清洗为主，局部更换，对部分园路流线进行优化。优化现有块石景墙，融入运动素材，使节点富有文化特色，优化现状休息节点，更换破损塑胶，增加特色坐凳。将景观桥上的木栏杆优化为混凝土仿木栏杆，木铺装优化为花岗岩铺装。保留原有长势良好树木，降低改造成本，增加林下耐阴地被植物。

2. 中心公园段

主要优化中心公园西南侧的园路，将园路面层优化为蓝色 EPDM，并设置绿道LOGO。南侧增加出入口和绿道，运用特色斑马线，连接市场北侧绿地。

3. 南虹广场前绿地段

优化东侧绿地，局部调整原有人行流线，使流线更顺畅，将 2.2～2.7 米不等宽度的园路统一拓宽至 3 米绿道，面层使用蓝色 EPDM。对东侧沿线植物进行梳理，对植物进行补植，优化中下层植物配置，增强植物层次感。对现状节点进行优化，设置树池休息座椅，打造绿道沿途休憩点。

4. 宪法文化公园段

总体框架不变，提升南侧主入口绿化，突出现有文化雕塑。优化局部园路，设置绿道标识标线。绿道宽度统一为 3 米，面层统一采用蓝色 EPDM。

5. 主要市政道路段

对原有非机动车道的彩色沥青，进行蓝色涂料刷新，彩色斑马线处分流人行和骑行，增加骑行标识，出入口增加特色导视。

6. 沿绿道增设配套服务设施和亭廊，对现有公厕进行提升改造。

三、改造后成效

中央绿轴绿道滨水绿地

该绿道位于乐清城区纵向绿轴胜利河两岸，东起云门路西至飞云东路，绿道平均宽度2.5米，面层为红色橡胶卷材材质，已经施工完毕。改造更新内容为胜利河两岸绿地，滨水绿道总长度约1500米，河道两侧约40米宽绿带，总绿地面积143153平方米。

一、改造更新前存在的问题

1. 绿化部分

现状植物品种单一，植物配置方式陈旧，与现代滨水绿道不相符。部分植物存在倒伏、枝干断裂和生长态势不佳等情况。绿地空间开放性和功能性不强。

2. 硬质景观部分

（1）不同区块间铺装样式与材料都不统一，中心区块采用水洗石，其他区域采用大理石或花岗岩。

（2）铺装面层老旧破损，部分面层黑化严重。

（3）标高与水位冲突，导致部分铺地与绿道在河流丰水期时容易被水淹没。

3. 绿道部分

（1）部分绿道标高在常水位下，容易被水淹没。

（2）部分绿道面层泥污较为严重。

（3）周边绿化美观性欠缺，多处沙土积累，存在安全隐患。

4. 配套服务设施

（1）现有两个公厕使用率不高，缺少维护，设施陈旧；钢结构廊架锈蚀严重，存在安全隐患。

（2）河道内安全防护设施材料、样式不统一，部分河岸缺少安全护栏，存在安全隐患。

（3）缺乏运动驿站和无障碍坡道栏杆。

（4）亮化照明需要加强和突出特色。

二、改造更新思路

1. 将树阵花坛铺装修复，边角改为圆角，重新布局植物组团。优化植物配置，增加植物品种，丰富植物景观。

2. 根据现场情况，针对铺装台阶做整体抬高处理；部分道路整改，将原有的 7 米道路改造为 4 米的沥青路；对广场铺装样式进行重新设计，提升整体美观性。

3. 标高重新设计，将水体流动的曲线与叶脉蔓延生长的韵律结合，对铺装做优化处理；水涟漪在广场之上以同心圆条纹铺装形式表现，赋予广场活泼的旋律；荧光跑道设计，既为广场增添色彩上的变化，也是运动和亲子活动的场所。

4. 结合现状对厕所长廊及广场景观长廊重新设计，现代风几何块面穿插，采用铝板材质，简约中体现韵律美，提升空间通透性，提升整体美观性。

5. 结合整体空间对河岸安全防护做改造提升，增加安全护栏，增加坡道的无障碍扶手，方便特殊人群出行。

6. 提升岸线亮化特色景观效果。

三、改造后成效

跃进河绿道滨水绿地

该绿道位于中心城区跃进河两岸，滨水绿道总长5200米，改造更新总绿地面积约85247.6平方米，主要包括休闲绿道、节点广场、绿化、景墙廊架和夜景照明等提升改造内容。

一、改造更新前存在的问题

1. 现状植物长势一般，植物丰富度、层次感不足，缺少色叶植物的季相变化，同时未发挥植物的空间营造和视线引导作用，植物空间分布不合理。

2. 整体绿道空间呈南北走向，与多条城市道路交叉，区域外可达性高；区域内部园路与道路相接处台阶较多，无法全程无障碍通行，内部连接度较弱，内部空间可达性待提升。

3. 现状铺装以花岗岩铺装为主，整体铺装新旧程度不一，局部铺装破损较大。胜利河至晨曦路段休闲广场破损尤其严重。

4. 基础配套设施陈旧破损，标识系统不成体系，需统一专项标识。

二、改造更新思路

1. 以梳理为主，着重打造关键节点，丰富植物层次与空间关系。

2. 重新梳理流线，利用原有基础，打造适宜的绿道流线，保障全段绿道无障碍通行。

3. 充分利用原有铺装基础，更换铺装面层，降低成本，节省造价。

4. 增设健身活动场地、休憩廊架及驿站等配套服务设施，按规范要求系统布置。

5. 增设统一规范的标识系统；增加亮化夜景效果。

三、改造后成效

东山横河绿道滨水绿地

　　该绿道位于中心城区东山横河（飞云东路至胜利塘河段）两岸，滨水绿道总长3500米，改造更新总面积约19265平方米，主要包括新建、改建绿道和节点广场、绿化、休闲廊架、桥下空间及夜景照明等提升改造内容。

一、改造更新前存在的问题

　　1. 南岸绿地内道路两侧植物太密植，空间压抑，植物长势一般，层次感不足，缺少色叶植物的季相变化。绿地无可停留空间，且外侧为原有绿道，人流量大，但绿地内道路使用率低。

　　2. 道路铺装老化破损严重；缺乏亲水平台。

　　3. 绿道多处不连通，需要绕路通行，路程过远。

　　4. 北岸植物茂盛，缺乏层次感，较为凌乱；现状无道路通行，周边居民无法进入。

二、改造更新思路

　　1. 原有绿地以梳理为主，着重打造关键节点，丰富植物层次与空间关系，林下种植耐阴地被植物。围绕节点种植特色主题观花植物。

　　2. 修复原有园路，并于一定的间距范围内打造可停留休憩的观景平台、廊架和活动小广场，增加空间的人性化功能属性，提高空间使用率。

3. 北岸重新规划路线，合理利用周边环境，让整个绿道贯通起来，提高使用率，增设花岗岩栏杆。

4. 修整铺装更换破损区域；优化绿道游线，增加亲水平台；清理北岸植物，增加绿道和休闲空间。

5. 修复和更换破旧照明设施，增加夜景亮化效果。

三、改造后成效

（四）实例分析 4——单位附属绿地篇

　　单位附属绿地指在某一单位或部门内，由该部门或单位投资、建设管理和使用的绿地。本篇章中的单位附属绿地为公共书苑周边绿地空间，均位于城区公共绿地内，属于开放性绿地空间。本篇包括 7 处改造更新实例。

清和书苑周边绿地

清和书苑坐落于清和公园湖中小岛，建筑面积约 1800 平方米，由六栋仿古建筑相连构成，周边绿化景观面积 13477 平方米，改造更新以"离大自然最近的书房"为设计理念，以景观轴为主线，形成景中画、画中景的浓郁山水特色，使清和书苑在众花的包围中更加芬芳幽静，花香书香共同组成了花坞春晓的美景。

一、改造更新前存在的问题

1. 建筑功能定位为书院后，建筑周边景观缺乏主题性、亮点和书院文化气息。

2. 几处建筑围合庭院多为简单绿化，景观效果不佳；沿湖观景平台较生硬，不亲水；园路走向单一，须重新规划调整。

3. 绿化简易，层次单一；部分植物树形较差，未形成特色和层次。

4. 电气控制箱分布不合理、样式陈旧，体量较大，有碍景观视线，需要移位；空调外机需遮挡；原有井盖需做美化绿化遮挡处理。

5. 建筑和周边景观需要增加亮化夜景效果。

二、改造更新思路

1. 根据场地的不同使用功能，分成多个空间，每个空间体现不同的亮点；增加书院文化元素。

2. 建筑周边庭院打造成不同的景观效果；强调平台亲水性，同时又有林荫效果；合理规划园路，达到曲径通幽效果。

3. 根据主题空间打造不同植物景观；点景组团、片植特色林两种手法相结合；根据实际情况保留较好苗木，移植或清理较差苗木。

4.较大体量的箱体可以采用绿植遮挡、涂绘、格栅等手段美化；电气控制箱合理移位；井盖周边用绿植美化。

5.增加建筑和周边景观亮化夜景景观。

三、改造后成效

曲水书苑周边绿地

　　曲水书苑位于凌云路中央绿轴内，建筑面积 370 平方米，周边绿化景观面积 13770 平方米，改造更新以先抑后扬的造园手法营造"与景观对话"的书院氛围。

一、改造更新前存在的问题

　　1.现状场地缺乏林下休闲设施，树池布局过密，影响植物后期生长。

　　2.广场铺地石材面层污渍明显，间隙杂草丛生。

　　3.灌木层次、品种单一，色彩层次简单，景观观赏性不足。

　　4.乔木种植平均，无视线重点。

　　5.现状水景喷泉废弃，场地浪费，景观看点与实用性皆难以体现。

　　6.现状车辆随意停放，场地空间缺乏明确的空间功能主题。

　　7.植物种植、景观设计缺乏特色，场地功能属性不明确。

二、改造更新思路

　　1.增加树池坐凳，扩大树池间距，增强林下休憩、游玩功能。

　　2.优化现状铺装，清洗修复面层。

　　3.丰富植物品种设计，优化场地绿化下木设计，增加植物层次变化及植物色彩丰富度。

　　4.通过植物组团的形式突出重点区域植物景观，打造视觉焦点的同时形成开合有序的植物空间，形成活动草坪空间，增强空间开放性。

　　5.回填废弃水池为阳光草坪，增加户外阅读区，丰富场地使用功能。

　　6.通过场地铺装及道路宽度的变化，引导人流走向，避免车辆汇入。

　　7.增加入口 LOGO 景墙，突出书院文化元素，强化书苑区域空间主题。

三、改造后成效

玉箫书苑周边绿地

玉箫书苑位于玉箫路中心公园内，建筑面积约1500平方米，周边绿化面积4019平方米，景观面积6127平方米。改造更新后书苑周边绿意盎然，景观视野开阔，室外阅读和休憩游玩空间增大。

一、改造更新前存在的问题

1. 活动空间主题不明确，场地功能单一。

2. 场地主入口和人行道存在高差；建筑室内外存在约半米高差。

3. 书苑装修过程中，周边原有景观破坏较严重，北侧活动场地形式较为单一，缺少吸引力；园路走向较为单调，与场地没有互动；沿湖无可休憩、观景和亲水空间。

4. 原有未被破坏的绿化景观也较杂乱，未形成特色；缺少大块活动空间草地，建筑周边部分植物树形较差，植物种植散乱。

二、改造更新思路

1. 优化场地功能布局，打造空间亮点。重点打造主入口、户外阅读空间、活动草坪、亲水观景平台等，增加书苑文化元素。

2. 利用场地高差，丰富场地景观层次；打造特色主入口节点，增强入口仪式感。

3. 优化活动场地形式，按功能打造不同主题景观空间；合理规划园路，将园路与活动场地相结合，优化人行路线；设置亲水平台，打造特色户外阅读空间。

4. 梳理现场绿地植物群落，保留长势和形态较好苗木，移植或清理较差苗木，根据主题空间打造不同植物景观。

三、改造后成效

观潮书苑周边绿地

　　观潮书苑位于胜利塘河公园中，建筑面积 240 平方米，周边绿化景观面积 9385 平方米，改造更新时充分利用公园自然幽静的特点，采用"对自然打开"的空间设计概念，打造与环境深度相融的、亲切舒适的静谧阅读空间，让市民在拥有了花园和书房的同时，还拥有了烂漫的春天。

一、改造更新前存在的问题

　　1. 现状铺装为碎石拼接，间隙杂草丛生，不利于行人安全行走，而且景观效果较差。

　　2. 书苑外平台室外阅读和休闲观景功能均不全面，较为单一，现场杂物堆积。

　　3. 周边植物以草坪搭配大乔木为主，中低层植物较少，缺乏层次。

　　4. 植物以常绿为主，色彩搭配较少，季相变化不明显。

　　5. 建筑及周边绿地需要增加夜景亮化效果。

二、改造更新思路

　　1. 重新规划空间格局，入口停车场原有破旧植草格停车位更换成沥青面层，增加主园路连接进入书苑，使得人车分流，增强入口仪式感。

　　2. 打造室外林荫阅读区和休闲游憩空间；合理规划园路，将园路与活动场地相结合，优化人行游线。

　　3. 根据主题空间打造不同植物景观；移植或清理较差苗木，重新设置植物组团，使植物景观层次和色彩更加分明。

　　4. 增加建筑和周边绿地亮化夜景景观。

三、改造后成效

晨沐书苑周边绿地

　　晨沐书苑建筑面积约780平方米，周边绿化景观面积3071平方米，建筑主体为半圆形，在入口处运用大坡度直接贯穿二层，改造更新采用庭院景观设计手法，融入现代元素，使建筑和室外艺术景观完美融合，突出建筑本体之美，外景内置，移步换景。

一、改造更新前存在的问题

　　1.配套设施陈旧，风格不一。

　　2.园路铺装陈旧不美观，休息空间狭小孤立。

　　3.现状乔木生长茂盛，郁闭度高，下层地被品种和色彩单一。绿地空缺较多。

　　4.绿地开放性不足，人流量大，多处存在踩踏绿地形成的小路。

　　5.建筑及周边绿地需要增加夜景亮化效果。

二、改造更新思路

　　1.重新分隔场地空间，移植部分更林灌木，留出休憩广场。

　　2.小广场、园路重新铺设，风格与书苑相一致。

　　3.增设室外阅读区和休憩坐凳，增加绿地开放性和功能性。

　　4.植物群落按保留大乔木和空间视线需求，梳理出疏林草坪和组团植物空间，形成疏密有致、层次分明的特色植物景观。

　　5.增加建筑和周边绿地亮化夜景景观。

三、改造后成效

丹霞书苑周边绿地

　　丹霞书苑位于丹霞小区沿河绿地内，建筑面积 360 平方米，周边绿化景观面积 2358 平方米，书苑及室外景观改造更新以"山石林木"为设计手法，建筑一楼四周为玻璃幕墙，把室外园林映入室内空间，入口贯穿到对景的河道，形成社区生活会客厅模式，为社区居民提供休闲栖息的港湾。

一、改造更新前存在的问题

　　1. 主入口围栏破旧不美观，缺乏入口景观。

　　2. 沿园路设置健身器材，活动空间局促，不利于绿化植物的养护。

　　3. 场地植物种植层次感不足，现状乔木生长茂盛，郁闭度高，中下层植物缺失，园路两侧缺乏绿化植物引导视线。

　　4. 现状坐凳点位设置随意，且紧贴道路，私密性不佳，不适于市民休憩、交流的心理需求，导致坐凳的使用率低，空间适用度低。

二、改造更新思路

　　1. 重新规划打造主入口景观，增加书苑入口仪式感。

　　2. 重新规划园路，按书苑功能分区组织游线，增加室外静谧休憩区和阅读角。

　　3. 梳理现状植被，保留高大乔木，移除下方长势不好的灌木，种植耐阴地被，靠河边侧留出一部分阳光草坪，使得植物景观层次更加分明，空间更加疏密有致。

　　4. 增加建筑和周边绿地亮化夜景景观。

三、改造后成效

民丰书苑周边绿地

　　民丰书苑位于民丰路河边绿带内，改造更新范围内绿化面积约 1550 平方米，景观面积 480 平方米。改造更新将书苑融入大自然中，阅读区透过大玻璃将绿意盎然尽收眼底，使人犹如置身于风景画中。

一、改造更新前存在的问题

　　1. 绿地被园路和人行道分隔得较零碎，整体休憩、活动功能不强，与书苑缺乏互动联系。

　　2. 园路走向较为单调，与场地没有互动，而且面层材质老化、破旧。与外侧道路衔接不顺畅，存在高差，容易绊脚。

　　3. 绿地植物群落密集，下层亚乔灌木存在更林现象，且太密集；缺少大块活动草地空间，植物种植散乱。

二、改造更新思路

　　1. 按建筑室内观赏面需求来打造最佳景观视线，透景、融景于阅读区，使书苑更好地融入室外景观中。

　　2. 重新规划园路、休憩广角和空间格局，增加室外游憩活动空间和静谧户外阅读区。

　　3. 绿化方面梳理现状植被，保留大乔木，移除下方长势不好的灌木，种植耐阴地被，按功能分区留出部分阳光草坪，使得植物景观层次更加分明，空间更加疏密有致。

　　4. 配合建筑本体，增加文化意境和夜景效果。

三、改造后成效

三、结语

　　道路绿地是城市风貌的绿色骨架，公园绿地、滨水绿地、单位附属绿地、居住区绿地等则是城市品质和形象的特色要素，只有这些有生命力的赏心悦目的生态基底有特色、有品位，才能与有特色、高品质的城市建筑、雕塑、道路、桥梁等设施协同提升城市的整体形象风貌。因此，改造更新城市绿地，提升城市形象与品质，应从城市设计的角度，综合把握各类城市绿地的功能和景观要求，多方通力合作，确保每一处城市绿地都是精品园林，确保每一位城市居民都能推窗见绿，就近入园，生活、工作环境既美丽又舒适宜人。

　　近年来，乐清以创建国家县城新型城镇化建设示范县为契机，加快构建"融温拥江面海"发展大格局，优化城市空间布局，推动城市能级跃升、城乡一体发展，从新城建设到老城复兴，从全域美丽到乡村振兴，从全面小康到共同富裕，努力践行发展成果不断共享，满足人民对美好生活的向往，让老百姓生活更有温度、幸福更有质感。作为城市园林绿化建设管理部门，城市绿地改造更新工作任重道远，我们在不断地探索和实践中，随着人民日益增长的生活需求不断地变化，还存在各种功能更新不及时、各种新材料和新优植物品种应用不足、园林景观小品及配套服务设施等形式缺乏新意和文化内涵，在更新改造过程中前期深入调研不完善、设计创新不足、施工质量达不到预期效果及后期养护管理市场化质量参差不齐等问题，还有待改进和着重推进。城市绿地改造更新是一个长期、艰巨、复杂的系统工程，需要不断地在实践中总结经验，"醉美之城，幸福乐清"需要我们共同努力去创造和打响。

参考文献

　　［1］虞金龙，施惠珠，吴筱怡.城市绿地更新中场所精神的思考：以上海北外滩滨江绿地为例 [J].中国园林，2022，38(10)：38-43.

　　［2］池慧敏.城市旧公园改造更新实践 [J].城市建设理论研究：电子版，2012，000(001):1-4.

　　［3］靳百党.浅谈城市绿地改造与完善 [J].城市建设理论研究，2012,000(028):1-3.

　　［4］石岩飞，吴国清.上海城市公园绿地发展更新 [J].质量与标准化，2017(4).

　　［5］李建.街心绿地实例分析与鉴赏 [M].杭州：浙江摄影出版社，2022.

附录：乐清市城市绿地常用植物图签

　　乐清位于浙江省的南部，地处中亚热带南部沿海，位于华东和华南植物区系交界处，山、海、丘陵、湿地生境，属中亚热带海洋型季风气候，全年四季分明，温和湿润，降水量充沛，冬夏温差较小，无霜期长。乐清是浙江省水热资源最丰富地区之一，能满足不同要求的植物生长繁衍。本书集成编者多年对实际应用情况的调查研究，重点筛选推荐了乐清地区常见和适宜应用且具有一定观赏价值的园林绿化植物共 120 种，其中乔木类 41 种、灌木类 26 种、藤本类 11 种、水生类 11 种、地被类 31 种，以供参考选用。由于编著者专业水平有限，书中难免有错误和遗漏之处，敬请批评指正。

　　另注：草坪推荐以铺设马尼拉草坪、冬季追播黑麦草为主。

一、乔木类

1. 樟（香樟、樟树）*Cinnamomum camphora*

科属：樟科（Lauraceae）樟属（*Cinnamomum*）

观赏特性：枝叶茂密，冠大荫浓，树姿雄伟，初夏开花，黄绿色圆锥花序。花期4—5月，果期8—11月。

生长习性：常绿乔木。喜光，稍耐阴，喜温暖湿润环境。根系发达，深根性，抗风能力强。喜土层深厚、肥沃的酸性或中性沙壤土。

应用：可吸烟滞尘、涵养水源、固土防沙，是公园、道路、单位附属绿地绿化的优良树种。广泛作为庭荫树、行道树、防护林及风景林，在草地上丛植、群植、孤植或作为背景树。

2. 无患子 *Sapindus mukorossi*

科属：无患子科（Sapindaceae）无患子属（*Sapindus*）

观赏特性：树体高大，树干通直，枝叶广展，绿荫稠密。秋来叶色菲黄，金黄色球果长时间悬挂枝间，故又名黄金树。无患子是优良观叶、观果树种。花期5—6月，果期7—8月。

生长习性：落叶乔木。喜光，稍耐阴，耐寒，不耐水湿，耐干旱。萌芽力弱，不耐修剪。深根性，抗风力强。对土壤要求不严。

应用：可成片栽植于景区、森林公园中，或作庭荫树、行道树、山地风景林等，可应用于公园、道路、单位附属绿地等。

3. 黄山栾树（全缘叶栾树）*Koelreuteria bipinnata* var.*'integrifoliola'*

科属：无患子科（Sapindaceae）栾树属（*Koelreuteria*）

观赏特性：叶、花、果均可供观赏。秋叶变淡红色，顶生圆锥花序，夏天开花满树金黄，秋天蒴果累累转为红色，果实形似灯笼，非常美丽。花期7—9月，果期8—10月。

生长习性：落叶乔木。喜光，较耐寒。深根性，萌蘖力强，生长快，适应性强。有很强的抗烟尘能力。

应用：可栽植于公园、道路、单位附属绿地等，也是工业污染区配植、山体彩色景观林营建的优良树种。

4. 银杏（白果树、公孙树）*Ginkgo biloba*

科属：银杏科（Ginkgoaceae）银杏属（*Ginkgo*）

观赏特性：银杏树体高大挺拔，树形优美，叶似扇形，春夏翠绿，深秋金黄色。花期3—4月，果期9—10月。

生长习性：落叶乔木。喜阳。适应性强。抗烟尘，抗火灾，抗有毒气体。

应用：银杏是观赏秋叶的优良树种，应用于公园、道路、单位附属绿地等，也是公路、田间水网的理想栽培树种。

5. 乌桕 *Sapium sebiferum*

科属： 大戟科（Euphorbiaceae）乌桕属（*Sapium*）

观赏特性： 观色叶、观果于一体，叶形奇特秀丽，树冠整齐，早春鲜红，入秋深红或鲜红，深秋季叶色红艳夺目。花期5—6月，果期8—10月。

生长习性： 落叶乔木。喜光，能耐间歇或短期水淹，耐土壤贫瘠。生长快，深根性，侧根发达，抗风、抗氟化氢。对土壤适应性较强。

应用： 可孤植、丛植于草坪、湖畔、池边、广场、公园、庭院、道路景观带中，或成片栽植于景区、森林公园中，作护堤树、庭荫树及行道树、山地风景林树种，是公园、道路、滨水、单位附属绿地绿化优良树种。

6. 沙朴 *Celtis aspera*

科属： 榆科（Ulmaceae）朴属（*Celtis*）

观赏特性： 树体高大，有古朴的树姿风貌，秋天叶色由绿转黄。沙朴叶呈卵状椭圆形，表面有光泽，但观察叶脉可以发现，叶子稍稍有点歪，一侧大一侧小。花期 3—5 月，果期 8—10 月。

生长习性： 大乔木。喜光，稍耐阴。耐轻盐碱，深根性，抗风力强，对二氧化硫等有毒气体的抗性强。生长较慢，寿命长。

应用： 可孤植、丛植于公园和广场的草坪、建筑旁作庭荫树，也可作厂区绿化、防风护堤树种等。

7. 榉树 *Zelkova serrata*

科属： 榆科（Ulmaceae）榉树属（*Zelkova*）

观赏特性： 树姿端庄，高大雄伟，枝细叶美，秋叶变成褐红色，是观赏秋叶的优良树种。花期 4 月，果期 9—11 月。

生长习性： 落叶乔木。喜光，较耐寒，忌涝。耐烟尘及有害气体。深根性，侧根广展，抗风力强。对土壤适应性强，耐轻度盐碱。

应用： 可孤植、丛植于公园和广场的草坪、建筑旁作庭荫树，与常绿树种混植作风景林，列植人行道、公路旁作行道树。

8. 垂柳 *Salix babylonica*

科属：杨柳科（Salicaceae）柳属（*Salix*）

观赏特性：垂柳枝条细长，柔软下垂，随风飘舞，姿态优美潇洒。花期3—4月，果期4—5月。

生长习性：落叶乔木。萌芽力强，根系发达，生长迅速。喜光，较耐寒，特耐水湿。喜潮湿深厚土壤，但亦能生于土层深厚之高燥地区。

应用：多应用于滨水、公园、道路、单位附属绿地绿化，可孤植、丛植于公园和广场的草坪、建筑旁作观赏树。亦可作庭荫树、固岸护堤树及平原造林树种。

9. 无柄小叶榕（近无柄雅榕）*Ficus concinna* var. *subsessilis*

科属：桑科（Moraceae）榕属（*Ficus*）

观赏特性：树形奇特，枝繁叶茂，树冠巨大，树高达30米，树性强健，绿荫蔽天。花果期3—6月。

生长习性：常绿乔木。耐水湿，耐干旱，耐盐碱。生长迅速，耐修剪，适应性强。

应用：可应用于公园、道路、滨水、单位附属绿地绿化，可单植、列植、群植作园景树、行道树、防火树、防风树或修剪造型，也是优良沿海基干林带、围垦区盐碱地绿化树种等。

10. 落羽杉 *Taxodium distichum*

科属： 杉科（Taxodiaceae）落羽杉属（*Taxodium*）

观赏特性： 树干圆满通直，冠形雄伟秀丽，具有膝状呼吸根，是优良观姿树种。一年生小枝褐色，侧生短枝 2 列。叶线形。花期春季，果期 10 月。

生长习性： 落叶乔木。耐低温，耐水湿，耐盐碱，抗风。抗污染，抗病虫害。

应用： 庭园、道路绿化、公园绿化、滨水绿化树种，可孤植、丛植于水边。亦可作工业用树林和生态保护林。

11. 墨西哥落羽杉 *Taxodium mucronatum*

科属： 杉科（Taxodiaceae）落羽杉属（*Taxodium*）

观赏特性： 树干圆满通直，树形高大美观，枝繁叶茂，在中国东部栽培的树种为半常绿，绿期长于落羽杉和池杉，是优良观姿秋叶树种。花期4月下旬，球果熟期10月。

生长习性： 高大半常绿乔木，树高可达25～50米，生长迅速。耐低温，耐水淹，耐盐碱。抗风，抗污染，抗病虫害。

应用： 作为优良的园林绿化和造林树种，可用于公园水边、滨水岸边等绿化造景。

12. 水杉 *Metasequoia glyptostroboides*

科属：杉科（Taxodiaceae）水杉属（*Metasequoia*）

观赏特性：树冠尖塔形，树干基部常膨大，观姿秋叶树种，秋叶红黄色。叶线形，侧枝上羽状排列。花期4—5月，果期10—11月。

生长习性：落叶乔木。喜光性强，速生树种，喜温暖湿润环境，耐寒，耐水湿，不耐干旱与瘠薄。

应用：可于公园、庭院、草坪、道路和水边等孤植、列植或群植。也可成片栽植营造风景林，还可栽于建筑物周边或用作行道树。对二氧化硫有一定的抵抗能力，是工矿区绿化的优良树种。

13. 池杉 *Taxodium distichum* var. *imbricatum*

科属： 杉科（Taxodiaceae）落羽杉属（*Taxodium*）

观赏特性： 主干挺直，树皮褐色纵裂，树冠尖塔形，观姿秋色叶树种。植于水边，常出现膝状根。叶钻形，微内曲。当年生小枝绿色，细长，通常微向下弯垂，二年生小枝呈褐红色。花期 3—4 月，果期 10 月。

生长习性： 落叶乔木。萌芽力强，生长迅速。喜光，不耐阴，耐涝，耐旱，耐寒，抗风力强。

应用： 优良的园林绿化和造林树种，可用于公园、池边、河流沿岸等的绿化造景，也是平原水网区防护林或沿海防浪林的理想树种。

14. 红豆杉 *Taxus wallichiana* var. *chinensis*

科属：红豆杉科（Taxaceae）红豆杉属（*Taxus*）

观赏特性：小枝互生；叶条形，螺旋状着生，基部扭转排成 2 列；雌雄异株。叶常绿，深绿色，秋天结红色豆形浆果，颇为美观。花期 2—3 月，果期 10 月。

习性：常绿乔木。生长较慢，耐阴性强，抗寒，耐旱，喜湿润但怕涝，适于种植在疏松湿润、排水良好的砂质壤土中。

应用：可栽植于公园、道路、住宅区和单位附属绿地等。

15. 罗汉松 *Podocarpus macrophyllus*

科属：罗汉松科（Podocarpaceae）罗汉松属（*Podocarpus*）

观赏特性：观姿树种，清雅挺拔，有雄浑苍劲的傲人气势，有长寿、守财、吉祥寓意。花期4—5月，果期8—9月。

生长习性：常绿乔木。在半阴环境下生长良好。喜温暖湿润环境，不耐严寒。喜肥沃沙质壤土，在沿海平原也能生长。

应用：可人工修剪造型，用于营造"枯山水"风格景观，多应用于公园和单位附属绿地等；可门前对植，公园景观节点孤植与假山、湖石相配；亦可布置花坛或作盆景观赏；也能用作篱笆，新叶和老叶交替排列，有不同的观赏价值。

16. 木麻黄（驳骨松）*Casuarina equisetifolia*

科属： 木麻黄科（Casuarinaceae）木麻黄属（*Casuarina*）

观赏特性： 树冠塔形，姿态优雅。花期 4—5 月，果期 7—11 月。

生长习性： 常绿乔木。强阳性树种，喜光，喜高温多湿，耐干旱，耐盐碱。抗风固沙。喜土层深厚、疏松肥沃的土壤。

应用： 可用于滨水、公园、道路绿化等，于庭院、草坪、绿地、堤岸边孤植、列植或群植。也可成片栽植营造风景林。木麻黄是华南、华东沿海地区造林适宜树种，沙地和海滨地区均可栽植，其防风固沙作用良好，在城市、沿海及郊区亦可作行道树、防护林。

17. 桂花（木樨、岩桂）*Osmanthus fragrans*

科属： 木樨科（Oleaceae）木樨属（*Osmanthus*）

观赏特性： 集绿化、美化、香化于一体的观赏与实用价值兼备的优良园林树种，枝叶四季常绿，花开香味浓郁，有金桂、银桂、丹桂、四季桂。花期8—10月，果期翌年2—4月。

生长习性： 常绿乔木或灌木。喜温暖湿润环境，较耐寒，耐高温，耐干旱，畏淹涝积水。抗逆性强，对有害气体二氧化硫、氟化氢有一定的抗性。生长势强，对土壤要求不严。

应用： 中国传统十大名花之一。在公园中常作园景树。孤植、对植或成丛成林栽种，以丛生灌木型的植株植于亭、台、楼、阁附近，也是工矿区良好的绿化花木。

18. 乐昌含笑 *Michelia chapensis*

科属：木兰科（Magnoliaceae）含笑属（*Michelia*）

观赏特性：树干挺拔，树荫浓郁，四季深绿，花淡黄色，具芳香。花期3—4月，果期8—9月。

生长习性：常绿乔木。喜光，耐高温，耐寒，耐水湿。在干燥土壤中生长不良。

应用：优良芳香观花树种。可孤植或丛植于公园、单位附属绿地中，或作行道树。

19. 枫香 *Liquidambar formosana*

科属：金缕梅科（Hamamelidaceae）枫香树属（*Liquidambar*）

观赏特性：树形较大，树叶呈三瓣掌状，前端渐尖。秋季叶色由绿转黄再转红，整株深红时格外美丽。花期4—5月，果期7—10月。

生长习性：落叶乔木。高达30米，喜光，喜温暖湿润环境，耐干旱，耐瘠薄。深根性，主根粗长，抗风力强。

应用：可作庭荫树、行道树、山地风景林树种。可于草地孤植、丛植，或于山坡、池畔与其他树木混植，可以常绿树种为背景配合应用于公园、道路和单位附属绿地绿化。

20. 娜塔栎 *Quercus nuttallii*

科属： 壳斗科（Fagaceae）栎属（*Quercus*）

观赏特性： 主干直立，大枝平展略有下垂，塔状树冠，冠大荫浓。叶正面亮深绿色，背面暗绿色，秋季叶亮红色或红棕色。每年11月初开始变红，第二年1月落叶。

生长习性： 落叶乔木。适应性强，抗城市污染能力强，气候适应性强，耐寒，耐旱。

应用： 娜塔栎是优良的行道树种，可于庭院、公园等景点单植或丛栽，也可与其他绿叶树种搭配造景。

21. 二球悬铃木（英国梧桐）*Platanus × acerifolia*

科属：悬铃木科（Platanaceae）悬铃木属（*Platanus*）

观赏特性：冠大荫浓，叶大，耐修剪整形，秋叶金黄，是优良观姿秋色叶树种。花期4—5月，果期9—10月。根据果柄果实数量的不同，将美国梧桐称为一球悬铃木、英国梧桐称为二球悬铃木。

生长习性：落叶乔木。喜光，不耐阴，抗旱性强，较耐湿。具有超强的吸收有害气体、抵抗烟尘的能力，隔离噪音效果好。对土壤要求不严。

应用：优良的庭荫树和行道树，广泛应用于公园、道路、单位附属绿地等。

22. 石楠 *Photinia serratifolia*

科属： 蔷薇科（Rosaceae）石楠属（*Photinia*）

观赏特性： 树冠圆整，叶片光绿，初春嫩叶紫红，春末白花点点，秋日红果累累，观赏价值高，是优良的观花、观果、观叶树种。花期4—5月，果期10月。

生长习性： 常绿乔木。喜光也耐阴，喜温暖湿润环境，抗寒力不强。耐修剪。抗烟尘和有毒气体，且具隔音功能。对土壤条件要求不严。

应用： 可作为庭荫树或进行绿篱栽植，也可根据园林绿化布局需要，修剪成球形或圆锥形等不同的造型。在园林中孤植或成片栽植均可，丛栽可使其形成低矮的灌木丛。可应用于公园、道路、单位附属绿地等。

23. 山茶 *Camellia japonica*

科属： 山茶科（Theaceae）山茶属（*Camellia*）

观赏特性： 树冠多姿，叶色翠绿，花大艳丽。花期12月至翌年3月，果期10—11月。

生长习性： 灌木或小乔木。喜半阴，怕高温。喜土层深厚、排水性好的微酸性土壤。

应用： 花期正值冬末春初，是优良观花树种。可丛植或散植于公园、庭园、花径、假山旁、草坪及树丛边缘等绿地，也可片植为山茶专类园，或作为行道树。

24. 女贞 *Ligustrum lucidum*

科属：木樨科（Oleaceae）女贞属（*Ligustrum*）

观赏特性：终年常绿，枝叶茂密，夏日满树白花。花期7月，果期10月至翌年3月。

生长习性：常绿乔木。喜光耐阴，耐寒，耐水湿。深根性树种，须根发达，生长快，萌芽力强，耐修剪。对大气污染的抗性较强，如二氧化硫等，能忍受较严重的粉尘、烟尘污染。常用种类主要有亮晶女贞、金禾女贞、金森女贞等。

应用：可用于公园、道路、单位附属绿地等，可孤植、列植、片植作园景树、行道树等，品种丰富，也可作绿篱、造型球等。

25. 垂丝海棠 *Malus halliana*

科属：蔷薇科（Rosaceae）苹果属（*Malus*）

观赏特性：枝、嫩叶均带紫红色，花粉红色，下垂，垂丝海棠花梗紫色，西府海棠花梗绿色。早春观花有重瓣、白花等变种。秋季果实成熟呈红黄色。花期3—4月，果期9—10月。

生长习性：落叶小乔木。喜阳光，不耐阴，不耐寒，适生于阳光充足、背风之处。生性强健，易栽培。

应用：可应用于公园、道路、滨水、单位附属绿地等，可在草坪边缘、水边湖畔成片群植、列植或丛植，作园景树、行道树或风景林。对二氧化硫有较强的抗性，也适用于城市街道绿地和厂矿区绿化。

26. 玉兰（白玉兰）*Yulania denudata*

科属： 木兰科（Magnoliaceae）木兰属（*Magnolia*）

观赏特性： 早春优良观花芳香树种，树姿优美，先花后叶，花白色，大型、芳香，杯状。花期3月，果期9—10月。

生长习性： 落叶乔木。树高一般2～5米或高可达15米。喜光，较耐寒。对有害气体具有一定的抗性和吸硫的能力。喜肥沃、排水良好而带微酸性的沙质土壤。

应用： 优良的公园、道路、单位附属绿地和庭院绿化树种，可作园景树、行道树等。

27. 紫玉兰（辛夷）*Yulania liliiflora*

科属：木兰科（Magnoliaceae）玉兰属（*Yulania*）

观赏特性：先花后叶，花朵艳丽怡人，芳香淡雅，树形婀娜，枝繁花茂。花期3—4月，果期8—9月。

生长习性：落叶灌木或小乔木。高达3米，常丛生。喜温暖湿润和阳光充足环境，较耐寒，但不耐旱和盐碱，怕水淹，要求肥沃、排水好的沙壤土。

应用：优良的公园、单位附属绿地、庭园和街道绿化植物，孤植或丛植都很美观，亦作玉兰、白兰等木兰科植物的嫁接砧木。

28. 二乔玉兰 *Yulania × soulangeana*

科属: 木兰科(Magnoliaceae)玉兰属(*Yulania*)

观赏特性: 玉兰与紫玉兰的杂交种,花被片大小形状不等,紫色或有时近白色,芳香或无芳香。花先叶开放,浅红色至深红色。花期2—3月,果期9—10月。

生长习性: 落叶小乔木。高6~10米。较于两亲本,更耐寒、耐旱、移植难。

应用: 早春色香俱全的观花树种,花大色艳,用于公园、单位附属绿地和庭园等观赏。

29. 鸡爪槭 *Acer palmatum*

科属： 槭树科（Aceraceae）槭属（*Acer*）

观赏特性： 小枝紫或淡紫绿色，老枝淡灰紫色；叶基部心形或近心形，掌状深裂，密生尖锯齿，形酷似鸡爪。叶色富于季相变化，叶形美观，入秋后转为鲜红色。花期5月，果期9—10月。

生长习性： 落叶小乔木。喜阳光，直射会焦叶。较耐阴，在高大树木庇荫下长势良好。对二氧化硫和烟尘抗性较强。

应用： 植于山麓、池畔，配以山石，则具古雅之趣。另外，还可植于花坛中作主景树，用于公园、滨水、单位附属绿地和庭园等孤植观赏。

易混点： 红枫、羽毛枫是鸡爪槭的变种。红枫，变化主要在叶色，春夏秋三季叶片都是红色的；鸡爪槭，春夏叶是绿色的，秋季转为红色，而后落叶。羽毛枫，变化主要在叶形。羽毛枫在鸡爪槭掌状叶的基础上，更加"细裂"，故羽毛枫又名细裂鸡爪槭。

30. 黄金香柳（千层金）*Melaleuca bracteata 'Revolution Gold'*

科属：桃金娘科（Myrtaceae）白千层属（*Melaleuca*）

观赏特性：枝条密集，叶片全年金黄色或鹅黄色，色彩金黄夺目，树形如金字塔。花期 6—9 月。冠幅锥形。嫩枝红色。叶片金黄色，具芳香味。穗状花序，花瓣绿白色。

生长习性：常绿乔木。喜欢温暖湿润的气候，抗旱又抗涝，耐土壤贫瘠。

应用：可应用于公园、道路、单位附属绿地等，可作孤植、对植或重植造景，或修剪成球形、伞形、树篱、金字塔形等样式，或作色块、绿篱。也可作道路隔离带绿化、造景树、滨海景观树和防风固沙树种。对二氧化硫和氯气还有较强的抗性，可净化空气、杀菌。

31. 合欢（绒花树、合昏、夜合花）*Albizia julibrissin*

科属：豆科（Leguminosae）合欢属（*Albizia*）

观赏特性：树形姿态优美，叶形雅致，盛夏绒花满树，有色有香，是优良观花、观姿树种。花期6—7月，果期8—10月。

生长习性：落叶乔木。喜光，喜温暖，耐寒，耐旱，耐土壤瘠薄及轻度盐碱，对二氧化硫有一定抗性。

应用：宜作庭荫树、行道树，适植于池畔、水滨、河岸和溪旁处，用于公园、道路、滨水、单位附属绿地和庭园等观赏。

32. 石榴 *Punica granatum*

科属： 千屈菜科（Lythraceae）石榴属（*Punica*）

观赏特性： 树姿优美，枝叶秀丽。初春嫩叶抽绿，婀娜多姿；盛夏繁花似锦，色彩鲜艳；秋季累果悬挂。

生长习性： 落叶灌木或乔木。喜温暖向阳的环境，耐旱，耐寒，也耐瘠薄，不耐涝和荫蔽。

应用： 用于公园、滨水、单位附属绿地和庭园等孤植观赏，列植于小道、溪旁、坡地、建筑物旁，也宜做成各种桩景和供瓶插花观赏。

33. 林刺葵（银海枣）*Phoenix sylvestris*

科属：棕榈科（Arecaceae）海枣属（*Phoenix*）

观赏特性：为优美的热带风光树。

生长习性：乔木状，叶密集成半球形树冠。喜高温湿润环境，喜光照，有较强抗旱力。冬季低于0℃易受害，耐盐碱，耐贫瘠。

应用：应用于公园、道路、单位附属绿地等，可列植为行道树，也可三五群植造景。

34. 江边刺葵（美丽针葵）*Phoenix roebelenii*

科属： 棕榈科（Arecaceae）海枣属（*Phoenix*）

观赏特性： 叶细密丰满，翠绿明亮，弯曲下垂，飘逸动人。

生长习性： 高 1 ～ 3 米。喜温暖湿润的环境，较耐阴，耐旱，耐瘠薄。

应用： 点缀于建筑物墙角处和入口两侧墙边、水边，用于公园、滨水和单位附属绿地等观赏。

35. 紫叶李（红叶李）*Prunus cerasifera* 'Pissardii'

科属： 蔷薇科（Rosaceae）李属（*Prunus*）

观赏特性： 树形优美，新叶紫红色，白色花朵郁郁葱葱，蔚为壮观。花期 4 月，果期 8 月。花期在梨、李、桃、樱、杏、海棠之前，但在梅花之后。樱桃李是其变型。

生长习性： 小乔木或灌木。喜光，喜温暖湿润环境，较耐水湿。根系较浅，萌生力较强。对土壤适应性强。

应用： 可应用于公园、道路、滨水和单位附属绿地等，于公园园路旁或草坪角隅处栽植，孤植、群植皆宜。

36. 美人梅 *Prunus* × *blireana* 'Meiren'

科属： 蔷薇科（Rosaceae）李属（*Prunus*）

观赏特性： 花粉红色，先花后叶，叶、枝条均为紫红色。花期3—4月，果期5—6月。

生长习性： 落叶小乔木。喜空气湿度高，抗寒性、抗旱性较强，不耐水涝。对土壤要求不严，以微酸性的黏壤土为宜。

应用： 可应用于公园、道路和单位附属绿地等，可孤植、片植或与绿色观叶植物相互搭配。

37. 梅 *Prunus mume*

科属：蔷薇科（Rosaceae）李属（*Prunus*）

观赏特性：小枝绿色，花萼常红褐色，花瓣为倒卵形，白或粉红色；果实近球形，熟时黄或绿白色，味酸。花期冬春，早于红叶李；果期5—6月。

生长习性：小乔木或灌木。阳性树种，耐寒性不强，较耐干旱和瘠薄，不耐涝。

应用：梅的品种分果梅和花梅两大类。花梅的品种甚多，主要分为直脚梅类、照水梅类、龙游梅类、杏梅类。应用于公园、道路、滨水和单位附属绿地等，可孤植、片植作园景树、风景林等，亦可以栽为盆花、制作梅桩。

38. 碧桃 *Amygdalus persica*

科属：蔷薇科（Rosaceae）桃属（*Amygdalus*）

观赏特性：花型多，有半重瓣和重瓣，有白、粉红、深红等颜色。花期8—9月。

生长习性：落叶乔木。喜光，耐旱，耐寒，不耐潮湿。

应用：广泛用于湖滨、溪流边、道路两侧、公园和单位附属绿地等，可孤植、列植、片植，也可孤植点缀于草坪中，亦可与贴梗海棠等花灌木配植，形成百花齐放的景象。

39 东京樱花 *Prunus × yedoensis*

科属： 蔷薇科（Rosaceae）李属（*Prunus*）

观赏特性： 早春观赏树种，先花后叶，花繁密，花瓣白色或粉红色，远观如一片云霞，花期短。花期 4 月，果期 5 月。

生长习性： 乔木。喜光，喜温，喜湿，喜肥。根系分布浅，不抗旱、不耐涝也不抗风。盐碱地区不宜种植。

应用： 可用于公园和单位附属绿地等，适宜种植在山坡上、庭院中、建筑物前及园路旁。

40. 日本晚樱 *Prunus serrulata* var. *lannesiana*

科属： 蔷薇科（Rosaceae）李属（*Prunus*）

观赏特性： 山樱花的变种，叶边有渐尖重锯齿，齿端有长芒，花常有香气；花期3—5月。树姿洒脱开展，花枝繁茂，花开满树，花大艳丽，甚是壮观。

生长习性： 落叶乔木。喜光也耐阴，耐寒性较强，喜湿润土壤。

应用： 广泛用于湖滨、溪流旁、道路两侧、单位附属绿地和公园等，可孤植、列植、片植作行道树、风景树、庭荫树，也可孤植点缀于草坪中。

41. 紫薇 *Lagerstroemia indica*

科属：千屈菜科（Lythraceae）紫薇属（*Lagerstroemia*）

观赏特性：花色丰富，有玫红、大红、深粉红、淡红色或紫色、白色，花期长，叶色在春天和深秋变红变黄。耐修剪，可造型。花期6—9月，果期9—12月。树干上粗下细，用手一挠，紫薇树就会像怕痒一样微微颤动，又称"痒痒树"。

生长习性：落叶小乔木或灌木。喜光，稍耐阴，耐干旱，忌涝。萌蘖性强。抗污染，对二氧化硫、氟化氢及氯气的抗性较强。

应用：可栽植于建筑物前、院落内、池畔、河边、草坪旁、道路及公园中小径两旁，也可做盆景。可单植、列植、丛植，也可造型造景。

二、灌木类

1. 南天竹 *Nandina domestica*

科属： 小檗科（Berberidaceae）南天竹属（*Nandina*）

观赏特性： 枝干丛生，直立挺拔，羽状复叶水平展开，构成潇洒的树姿，形态如竹，叶色有鹅黄、嫩绿、深红，绚丽多姿。果穗状如珊瑚，鲜红夺目，经久不落。花期5—7月，果期8—11月。

生长习性： 常绿灌木。强光下叶色变红，较耐阴，耐寒，耐湿，耐旱。喜排水良好的沙质壤土。

应用： 多栽于公园、水边、单位附属绿地等，或作道路绿化基础种植，也可制作盆景或盆栽等。

2. 月季 *Rosa* spp.

科属： 蔷薇科（Rosaceae）蔷薇属（*Rosa*）

观赏特性： 四季开花，花型多变、花色丰富，多数品种有浓郁香气。花期5月至翌年4月。月季花种类主要有食用玫瑰、藤本月季、大花香水月季、丰花月季、微型月季、树状月季、灌木月季、地被月季等。

生长习性： 常绿、半常绿灌木或藤本。喜日照。

应用： 多应用于公园、单位附属绿地绿化，用于园林布置花坛、花境、庭院、垂直绿化等，可制作盆景或作切花等。

3. 珍珠绣线菊（喷雪花）*Spiraea thunbergii*

科属： 蔷薇科（Rosaceae）绣线菊属（*Spiraea*）

观赏特性： 花期很早，花朵密集如积雪，叶片薄细如鸟羽，秋季转变为橘红色。花期 4—5 月，果期 6—7 月。

生长习性： 灌木，高达 1.5 米。喜光，不耐阴蔽，耐寒。喜生于湿润、排水良好的土壤。

应用： 可应用于公园、滨水和单位附属绿地等，宜在草地、林缘、路边、建筑物附近及假山岩石间配植，宛若层林点雪，饶有雅趣。在林间或散植也极适宜，可制作树桩盆景。

4. 红叶石楠 *Photinia × fraseri*

科属：蔷薇科（Rosaceae）石楠属（*Photinia*）

观赏特性：新梢和嫩叶鲜红，白花多而密，梨果黄红色。花期 5—7 月，果期 9—10 月。

生长习性：常绿灌木或小乔木。抗阴，抗旱，不抗水湿，较耐盐碱性。

应用：应用于公园、道路和单位附属绿地等，可修剪成灌木球、绿篱，孤植或作行道树，或片植作基础种植。

5. 红花檵木 *Loropetalum chinense* var. *rubrum*

科属：金缕梅科（Hamamelidaceae）檵木属（*Loropetalum*）

观赏特性：枝繁叶茂，姿态优美，花开时节，满树红花。花期4—5月，果期6—8月。

生长习性：喜光，稍耐阴，但阴时叶色容易变绿，喜温暖，耐旱，耐寒，耐瘠薄。萌芽力和发枝力强，耐修剪。适应性强，喜肥沃、湿润的微酸性土壤。

应用：广泛应用于公园、道路和单位附属绿地等，作色篱、模纹花坛、灌木球、彩叶小乔木、桩景造型、盆景等。

6. 花叶青木（洒金桃叶珊瑚）*Aucuba japonica* var. *variegata*

科属：山茱萸科（Cornaceae）桃叶珊瑚属（*Aucuba*）

观赏特性：叶面光亮，叶面上有大小不等的金黄色（稀淡黄色）斑点，似洒金点状。花期 3—4 月，果期 11 月至翌年 2 月。

生长习性：常绿灌木，植株高可达 1.5 米。喜光，耐高温，同时也耐低温。

应用：广泛应用于公园、道路、滨水、单位附属绿地及庭园栽培观赏。

7. 紫荆 *Cercis chinensis*

科属： 豆科（Leguminosae）紫荆属（*Cercis*）

观赏特性： 先花后叶，花紫红或粉红色。2～10余朵成束，簇生于老枝、主干上，花形如蝶，满树皆红，有"满条红"的美称。秋色叶金黄。花期3—4月，果期8—10月。

生长习性： 落叶灌木。喜光，稍耐阴，较耐寒，不耐湿。萌芽力强，耐修剪。喜肥沃、排水良好的土壤。

应用： 可应用于公园、道路和单位附属绿地等，宜栽于庭院、草坪、岩石及建筑物前。

8. 龟甲冬青 *Ilex crenata*

科属： 冬青科（Aquifoliaceae）冬青属（*Ilex*）

观赏特性： 叶密集浓绿。花期5—6月，果期9—10月。

生长习性： 常绿灌木。喜光，稍耐阴，喜温暖湿润环境，耐寒，耐高温。要求肥沃疏松、排水良好的酸性土壤。

应用： 应用于公园和单位附属绿地等，常用作地被或绿篱，也可作为盆栽。

9. 无刺枸骨 *Ilex cornuta 'Fortunei'*

科属：冬青科（Aquifoliaceae）冬青属（*Ilex*）

观赏特性：叶形奇特，碧绿光亮，四季常青，入秋后红果满枝，经冬不凋，艳丽可爱，是优良的观叶、观果树种。花期4—5月，果期9月。

生长习性：常绿灌木。喜光，较耐阴，较耐寒，耐干旱。喜肥沃的酸性土壤。

应用：宜作公园和单位附属绿地的基础种植及岩石园材料，也可孤植于花坛中心，对植于前庭、路口，或丛植于草坪边缘，是很好的绿篱及盆栽材料。

10. 夹竹桃 *Nerium oleander*

科属：夹竹桃科（Apocynaceae）夹竹桃属（*Nerium*）

观赏特性：叶如柳似竹，花冠粉红至深红或白色，单瓣或重瓣，有特殊香气，花期长，是优良观花植物。花期春、夏、秋，果期冬、春。

生长习性：常绿灌木或小乔木。喜光，喜肥。萌蘖力强。对二氧化硫、氯气、氟化氢等有毒气体有较强的抵抗能力。

应用：常在公园、单位附属绿地、风景区、道路旁或河旁、湖旁栽培，或为基干林带种植树种，净化、美化人类生存的环境。

11. 朱槿（扶桑）*Hibiscus rosa-sinensis*

科属：锦葵科（Malvaceae）木槿属（*Hibiscus*）

观赏特性：花期长，几乎终年不绝，以夏秋开花为主。花大色艳，花量多。

生长习性：常绿灌木。喜光，喜温暖湿润环境，不耐阴，不耐寒，不耐干旱。发枝力强，耐修剪。对土壤的适应性较强。

应用：可应用于公园、道路和单位附属绿地等，多散植于池畔、亭前、道旁和墙边，盆栽扶桑适用于客厅和入口处摆设。

12. 木芙蓉 *Hibiscus mutabilis*

科属：锦葵科（Malvaceae）木槿属（*Hibiscus*）

观赏特性：春季梢头嫩绿，夏季绿叶成荫，秋季花团锦簇，冬季枝干扶疏。花大色美，一天内花色数变，清晨白色或粉红色，晚上则变为深红色。花期8—10月，果期10—11月。

生长习性：落叶灌木。喜光，稍耐阴，生长较快。萌蘖性强，抗污染。

应用：可孤植、丛植于墙边、公园园路旁、道路两侧、边坡上等，特别宜用于滨水绿化。

13. 木槿 *Hibiscus syriacus*

科属： 锦葵科（Malvaceae）木槿属（*Hibiscus*）

观赏特性： 花色有纯白、淡粉红、淡紫、紫红等，花形呈钟状，花型丰富。花期7—9月，果期9—11月。

生长习性： 落叶灌木。稍耐阴，耐热，耐寒。萌蘖性强，耐修剪。适应性强，对土壤要求不严。

应用： 多应用于公园和单位附属绿地等，作花篱、绿篱、花海、花境、庭园点缀及室内盆栽，也是有污染工厂的主要绿化树种。

14. 茶梅 *Camellia sasanqua*

科属： 山茶科（Theaceae）山茶属（*Camellia*）

观赏特性： 叶似茶，体态秀丽，叶形雅致，花色艳丽，树形娇小，枝条开放，易修剪造型。花期11月至翌年3月。

生长习性： 常绿灌木。耐半阴，较耐寒，抗性较强，病虫害少。宜生长在排水良好、富含腐殖质、湿润的微酸性土壤。

应用： 可应用于公园和单位附属绿地等，于庭院和草坪中孤植或对植，也可与其他花灌木配置花坛、花境，或作配景材料，植于林缘、角落、墙基等处作点缀装饰，亦可作基础种植及常绿篱垣材料。

15. 银姬小蜡（花叶女贞）*Ligustrum sinense* var. *Variegatum*

科属： 木樨科（Oleaceae）女贞属（*Ligustrum*）

观赏特性： 色彩独特，叶小枝细。花期 5—6 月，果期 9—12 月。

生长习性： 常绿多枝丛生灌木或小乔木。喜光，稍耐阴，耐盐碱土壤，耐寒，耐瘠薄，对土壤适应性强。

应用： 可应用于公园、道路两侧和单位附属绿地等，可作绿篱，可以修剪成质感细密的地被色块、绿篱或球形灌丛布置于公园中。银姬小蜡具有滞尘抗烟的功能，能吸收二氧化硫。

16. 杜鹃 *Rhododendron simsii*

科属： 杜鹃花科（Ericaceae）杜鹃花属（*Rhododendron*）

观赏特性： 花冠漏斗状，玫瑰色、鲜红或深红色，5裂，裂片上部有深色斑点。花期4—5月，果期6—8月。

生长习性： 落叶灌木。喜酸性土壤。耐阴，耐修剪，根桩奇特。

应用： 可应用于公园、道路、滨水和单位附属绿地等，宜在林缘、溪边及岩石旁成丛成片栽植，可于疏林下散植，作花篱、盆景。杜鹃也是典型酸性土指示植物，可监测有毒气体二氧化硫等。

17. 金边胡颓子 *Elaeagnus pungens* 'Aurea'

科属： 胡颓子科（Elaeagnaceae）胡颓子属（*Elaeagnus*）

观赏特性： 枝叶浓密，叶上面深绿色，金边，下面银白色，具光泽，花白色或淡白色，下垂，果实椭圆形，幼时被褐色鳞片，成熟时红色。是优良观叶、观果植物。花期9月至翌年2月，果期翌年4—6月。

生长习性： 常绿灌木。耐阳光暴晒，耐阴，抗寒，耐高温酷暑，耐干旱，不耐水涝，耐盐碱，耐瘠薄，抗风性强。对土壤要求不严，在中性、酸性和石灰质土壤上均能生长。

应用： 可用于道路两旁或中间绿化带，也可用于庭院绿化及绿篱，常在公园、道路旁或河旁、湖旁栽培，盆栽可摆放于厅堂。

18. 巴西野牡丹 *Tibouchina semidecandra*

科属： 野牡丹科（Melastomataceae）蒂牡花属（*Tibouchina*）

观赏特性： 株形美观，枝繁叶茂，叶片翠绿。一年四季皆有花，花顶生，花瓣5，紫红色。一年可多次开花，以春夏季开花较为集中。

生长习性： 常绿灌木。喜阳，稍耐阴，稍耐寒。对土壤要求不高，喜微酸性的土壤。

应用： 可点缀于草坪绿地及公园空旷地，布置于花坛，也可栽于风景林路两侧、单位附属绿地等。

19. 八角金盘 *Fatsia japonica*

科属： 五加科（Araliaceae）八角金盘属（*Fatsia*）

观赏特性： 四季常青，叶片硕大，叶形优美，浓绿光亮。花为黄白色，开花后好似一把展开的小伞。花期 10—11 月，果熟期翌年 4 月。

生长习性： 常绿灌木。稍耐阴，耐寒性不强，不耐干旱。

应用： 可应用于公园、道路、滨水和单位附属绿地，适宜配植于庭院、窗边、墙隅及建筑物背阴处，也可点缀在溪流滴水之旁，还可成片群植于草坪边缘。可净化空气，对二氧化硫抗性较强，适于厂矿区、公园下层基础种植。

20. 蓝雪花 *Ceratostigma plumbaginoides*

科属： 白花丹科（Plumbaginaceae）蓝雪花属（*Ceratostigma*）

观赏特性： 叶色翠绿，花色淡雅，花冠裂片蓝色，倒三角形。花期7—9月。

生长习性： 常绿灌木。喜光，稍耐阴，不宜在烈日下暴晒，耐热，不耐寒，干燥对其生长不利，中等耐旱。

应用： 多用于场馆周边、道路、立交桥等主要路段和公园路边、滨水的环境布置，也可地栽林缘种植或点缀草坪、作家庭盆栽。

21. 灰莉（非洲茉莉）*Fagraea ceilanica*

科属：马钱科（Loganiaceae）灰莉属（*Fagraea*）

观赏特性：枝叶青翠，花优雅洁白，略带芳香。花期 4—8 月，果期 7 月至翌年 3 月。

生长习性：乔木或攀缘灌木状。喜温暖，好阳光，但要求避开夏日强烈的阳光直射；不耐寒冷、干冻及气温剧烈下降。

应用：康养植物，可与红花檵木球等搭配于公园、单位附属绿地中作观叶绿篱。

22. 绣球荚蒾（木绣球） *Viburnum keteleeri* 'Sterile'

科属： 忍冬科（Caprifoliaceae）荚蒾属（*Viburnum*）

观赏特性： 叶纸质。花序为大型白色花朵，形状像绣球，如雪球累累，簇拥在椭圆形的绿叶中，4—5月开花，是野生木本花卉及珍贵优良的园林绿化和观赏树种。

生长习性： 落叶或半常绿灌木。喜光，略耐阴，较耐寒，萌芽力、萌蘖力均强，种子有隔年发芽习性。

应用： 可以拱形花枝形成花廊；可于公园、单位附属绿地中作园景树，还可作大型花坛的中心树。

23. 琼花 *Viburnum keteleeri*

科属：忍冬科（Caprifoliaceae）荚蒾属（*Viburnum*）

观赏特性：树姿优美，花型奇特，宛若群蝶起舞，秋季累累圆果，红艳夺目，果实红色而后变黑色。花期4月，果熟期9—10月。

生长习性：落叶或半常绿灌木。喜光，稍耐阴，较耐寒，不耐干旱。

应用：常在公园、单位附属绿地、风景区、道路旁或河旁、湖旁栽培。

24. 海桐 *Pittosporum tobira*

科属： 海桐花科（Pittosporaceae）海桐花属（*Pittosporum*）

观赏特性： 株形圆整，树冠球形，四季常青，花味芳香，入秋果实裂开，种子红艳，宛如红色之花，为著名的观叶、观果植物。花期4—6月，果期9—12月。

生长习性： 常绿小灌木。喜光，较耐寒，耐热，对二氧化硫、氯气等有毒气体抗性强。对土壤的适应性强。

应用： 可作造型球或片植绿篱于公园中作基础种植；有抗海潮及有毒气体能力，是海岸防潮林、防风林及矿区绿化的重要树种，也可作城市隔噪声和防火林带。

25. 马缨丹（五色梅）*Lantana camara*

科属： 马鞭草科（Verbenaceae）马缨丹属（*Lantana*）

观赏特性： 花冠黄或橙黄色，花后深红色，花量大，似彩色小绒球镶嵌或点缀在绿叶之中，且花色美丽多彩，每朵花从花蕾期至花谢期可变换多种颜色。花期5—10月。

生长习性： 常绿灌木。喜光，稍耐阴，喜温暖湿润环境，不耐寒，耐干旱。生性强健，长势快，抗性强。对土质要求不严，喜肥沃、疏松的沙质土壤。

应用： 可片植于街道、花园、庭院、花坛、墙边、路边等处，也可单独种植于花钵、大盆内作盆栽，或点缀花坛、假山、石隙、屋角、院落等处。

26. 绣球 *Hydrangea macrophylla*

科属： 虎耳草科（Saxifragaceae）绣球属（*Hydrangea*）

观赏特性： 花型丰满，大而美丽，花色丰富，有粉红色、淡蓝色、白色、紫色等，全花呈球状。花期6—7月。

生长习性： 半常绿亚灌木。喜半阴、温暖湿润环境。喜疏松、肥沃和排水良好的沙质壤。

应用： 可配植于稀疏的树荫下及林荫道旁，片植于阴向山坡，可片植于建筑物周围、庭院、公园绿地、单位附属绿地等，或植为花境，也可盆栽观赏，亦可作为插花材料。

三、藤本类

1. 蔷薇（藤本月季、爬藤月季）*Rosa* spp.

科属：蔷薇科（Rosaceae）蔷薇属（*Rosa*）

观赏特性：按其生长特性来分类有直立型和攀缘型。是园林中月季杂交之后的新品种的统称。花型丰富，四季开花不断，以晚春或初夏二季花的数量最多，然后由夏至秋断断续续开一些花。花色艳丽、奔放，花期持久，香气浓郁。花色有朱红、大红、鲜红、粉红、金黄、橙黄、复色、洁白等，花形有杯状、球状、盘状、高芯等。由蔷薇原种育成的藤本，生长强健，能高攀覆盖墙面。由杂种月季枝变而成的藤本，用途同前，花似杂交茶香月季，数朵簇生。蔓生种主要亲本为光叶蔷薇。

生长习性：攀缘生长型，根系发达，抗性极强，枝条萌发迅速，长势强壮，年最高长势可达 5 米，具有很强的抗病害能力。管理粗放，耐修剪。

应用：可应用于公园、滨水、庭院和单位附属绿地等，作公园廊架、山崖、栏杆绿化等。

2. 木香花 *Rosa banksiae*

科属： 蔷薇科（Rosaceae）蔷薇属（*Rosa*）

观赏特性： 花密，色艳，有白、黄、红多种颜色。秋果红艳，花期4—5月。

生长习性： 攀缘小灌木。喜阳，耐半阴，较耐寒，耐干旱，耐瘠薄，不耐水湿，忌积水。

应用： 可净化空气。极好的垂直绿化材料，适用于公园、庭院、单位附属绿地等布置花架、花廊和墙垣，作绿篱和棚架。

3. 紫藤 *Wisteria sinensis*

科属：豆科（Leguminosae）紫藤属（*Wisteria*）

观赏特性：花朵美、芳香，蝶形花冠，花紫色或深紫色。花期4—5月，果期5—10月。

生长习性：落叶藤本。喜光，较耐阴，较耐寒，耐热，耐水湿，耐瘠薄，抗污染。主根深，侧根浅，不耐移栽。生长较快，缠绕能力强。适应性强。

应用：常栽植于公园和单位附属绿地的棚架、花廊、凉亭、拱门、池边等处。

4. 野迎春（云南黄素馨） *Jasminum mesnyi*

科属：木樨科（Oleaceae）素馨属（*Jasminum*）

观赏特性：小枝四棱形，枝条呈拱形，易下垂，花黄色，花期11月至翌年8月。

生长习性：常绿亚灌木。喜阳，稍耐阴，怕严寒和积水。适应性强，喜排水良好、肥沃的酸性沙壤土。

应用：常栽植于堤岸、台地边缘、公园小径旁等。也可盆栽观赏。

易混点：连翘为落叶灌木，枝条浅褐色且中空，不易下垂，花瓣4；野迎春为常绿植物，花较大；迎春花为落叶灌木，花较小，分布更北。

5. 金边假连翘 *Duranta erecta* 'Golden Leaves'

科属： 马鞭草科（Verbenaceae）假连翘属（*Duranta*）

观赏特性： 叶色金黄至黄绿，叶缘有黄白色条纹。花冠蓝紫色或淡蓝紫色。花期5—10月，天气暖和可终年开花不断。

生长习性： 常绿灌木。喜高温，耐强光，耐旱，稍耐阴，耐寒性稍差，对土壤要求不甚严苛。

应用： 适于公园、单位附属绿地种植，作绿篱、绿墙、花廊。可作盆景，或修剪培育作桩景。中国南方常丛植于草坪或与其他树种搭配、做绿篱、与其他彩色植物组成模纹花坛。

6. 厚萼凌霄（美国凌霄）*Campsis radicans*

科属： 紫葳科（Bignoniaceae）凌霄属（*Campsis*）

观赏特性： 枝叶茂密，枝条攀附力较强，花大色艳，花萼钟状，外向微卷，花冠筒细长，漏斗状，橙红色至鲜红色。长成后碧叶橙花，随风摇曳，别有一番情趣。花期 7—10 月，果期 11 月。

生长习性： 落叶藤本。喜光，稍耐阴，较耐寒，喜湿，耐干旱，耐瘠薄，耐盐碱，喜肥。深根性，萌蘖力、萌芽力均强，病虫害较少，适应性强。喜排水良好、疏松的中性土壤。

应用： 可应用于公园、单位附属绿地的棚架、花门、花柱、枯树绿化、篱垣、假山、山墙等的绿化，或丛植、片植于草坪。亦可作为盆栽。

7. 炮仗藤（炮仗花）*Pyrostegia venusta*

科属：紫葳科（Bignoniaceae）炮仗藤属（*Pyrostegia*）

观赏特性：初夏红橙色的花朵累累成串，状如鞭炮，故有炮仗花之称。花期 1—6 月。

生长习性：藤本植物。适应性强，喜温暖湿润、光线充足环境，对土质要求不严。

应用：多种植于庭院、公园、单位附属绿地的栅架、花门和栅栏，作垂直绿化。也宜地植作花墙，覆盖土坡，或用于高层建筑的阳台作垂直或铺地绿化。

8. 花叶蔓（花叶常春藤）*Vinca major* var.variegata

科属：夹竹桃科（Apocynaceae）常春藤属（*Vinca*）

观赏特性：营养枝上的叶三角状卵形，花枝上的叶卵形至菱形。叶有香气，形态优美。小花球形，浅黄色。核果球形，翌年4—5月成熟，成熟时红色或黄色。其全年都能观赏，最佳观赏期是劳动节与国庆节前后，嫩绿的新叶与厚实的老叶相映交辉、绚丽多彩。

生长习性：常绿攀缘藤本。喜暖，喜暗，耐阴，不耐寒，0℃以上能安全越冬。在直射阳光下或在室内栽培均能生长，但在半阴的弱光条件下，斑叶着色尤佳，更为鲜明，节面较密，叶形一致，更能展现花叶品种的特性。

应用：多作盆栽，或吊挂于公园、单位附属绿地的棚架、窗前、阳台檐口，或攀缘于花柱。

9. 地锦（爬山虎）*Parthenocissus tricuspidata*

科属： 葡萄科（Vitaceae）地锦属（*Parthenocissus*）

观赏特性： 有吸盘，美化墙壁。花期5—8月，果期9—10月。

生长习性： 木质落叶大藤本。性喜阴湿，耐旱，耐寒，耐瘠薄。

应用： 垂直绿化材料。适宜在墙壁、公园等处配置及用于道路边坡绿化等。

10. 花叶络石 *Trachelospermum jasminoides* 'Flame'

科属： 夹竹桃科（Apocynaceae）络石属（*Trachelospermum*）

观赏特性： 叶色十分丰富，色彩斑斓，观赏期长，随着光照及修剪程度的不同呈现出一定的变化。

生长习性： 常绿木质藤蔓植物。喜光又耐阴，喜明亮散射光线，不喜强光。耐干旱，但不耐积水。

应用： 优良的攀缘植物和地被植物，可盆栽，作平面和立面绿化。可搭配作为色带、色块，也可单独块状栽植。还可作常年观叶植物，用于公园、道路、单位附属绿地的花境、花箱布置。

11. 叶子花（三角梅） *Bougainvillea glabra*

科属：紫茉莉科（Nyctaginaceae）叶子花属（*Bougainvillea*）

观赏特性：观赏期长，全年开花，顶端花下的苞叶近三角形，3 枚苞叶组成的"花朵"也呈三角形，故名"三角梅"。苞片质如彩绢，形状奇特，色彩艳丽，有黄色、紫色、茄色、红色、艳红、粉红、宫粉、白色等，易被误认为是花瓣，形状似叶，故称其为叶子花。按叶色分有斑叶、金边、银边、洒金、皱叶、小叶、暗斑叶等类型；按枝条硬度分有软枝、硬枝类型；按苞片的形态又可分为单瓣、重瓣。具有枝蔓长、柔韧性好、可塑性强等特点。花期 3—11 月。

生长习性：落叶灌木。喜阳光充足，喜水但忌积水，耐干旱，不耐寒，耐盐碱，耐瘠薄。生长势强，耐修剪。对土壤要求不严。

应用：作为攀缘植物、花篱、盆景、盆花、桩景、花坛、花带等在公园、道路、单位附属绿地中应用广泛。

四、水生类

1. 水葫芦（凤眼莲、凤眼蓝）*Eichhornia crassipes*

科属： 雨久花科（Pontederiaceae）凤眼莲属（*Eichhornia*）

观赏特性： 叶基生，莲座状花为浅蓝色，呈多棱喇叭状，花瓣中心生有一明显的鲜黄色斑点，形如凤眼，也像孔雀羽翎尾端的花点。花期7—10月，果期8—11月。

生长习性： 浮水草本。喜欢温暖湿润、阳光充足的环境，适应性很强。具有一定耐寒性。喜欢生于浅水中，在流速不快的水体中也能够生长，随水漂流。繁殖迅速。

应用： 作为观赏花卉引入，可小范围限制用于园林水体绿化。作为造景植物时，设计好隔离装置，控制其生长区域，避免大规模占领生境。在北方一般不能越冬，是危害非常大的入侵植物，但其花朵十分美丽。2023年1月1日起被列入重点管理外来入侵物种名录。

2. 莲（荷花、菡萏、芙蓉）*Nelumbo nucifera*

科属：莲科（Nelumbonaceae）莲属（*Nelumbo*）

观赏特性：叶圆形，盾状。花直径 10 ～ 20 厘米，美丽，芳香；花瓣红色、粉红色或白色。花期 6—8 月，果期 8—10 月。

生长习性：多年生水生草本。喜相对稳定的静水，特别喜光，极不耐阴。

应用：园林水景材料，也是重要的水环境修复植物。

3. 睡莲 *Nymphaea tetragona*

科属： 睡莲科（Nymphaeaceae）睡莲属（*Nymphaea*）

观赏特性： 叶漂浮，薄革质或纸质，心状卵形或卵状椭圆形。花色绚丽多彩，花瓣早上展开、午后闭合，花径 3 ～ 5 厘米。

生长习性： 多年生浮叶型水生草本。喜阳。可分为耐寒、不耐寒两大类。

应用： 可于公园池塘片植和居室盆栽。微型品种可栽在考究的小盆中，用以点缀、美化居室环境。根能吸收水中的汞、铅、苯酚等有毒物质，还能过滤水中的微生物，净化水体。

4. 香蒲 *Typha orientalis*

科属： 香蒲科（Typhaceae）香蒲属（*Typha*）

观赏特性： 叶绿穗奇，有野趣。花果期5—8月。

生长习性： 多年生水生或沼生草本。喜高温湿润气候，生于湖泊、池塘、沟渠、沼泽及河流缓流带。能耐高浓度的重金属，适应能力强，生长快，富集能力强。

应用： 宜做花境、水景背景材料，可用在模拟大自然的溪涧、喷泉、跌水、瀑布等园林水景造景中，营造野趣，净化水质。

5. 水葱 *Schoenoplectus tabernaemontani*

科属：莎草科（Cyperaceae）水葱属（*Schoenoplectus*）

观赏特性：株形奇趣，株丛挺立，富有特别的韵味。花果期6—9月。

生长习性：多年生草本植物。多生于湖边浅水处或浅水塘边，喜阳光充足、温暖、潮湿的环境，能耐低温。

应用：宜于公园水边做花境、水景背景材料。与香蒲搭配有利于净化水质。

6. 蒲苇 *Cortaderia selloana*

科属： 禾本科（Poaceae）蒲苇属（*Cortaderia*）

观赏特性： 高大优美，四季常绿，圆锥花序呈纺锤状，花期长，观赏性强。

生长习性： 多年生，秆丛生。喜阳光充足且能稍耐阴，若长期在强光照射下叶色容易加深，植株也出现矮化，耐贫瘠，在冬季时能露地越冬，生长不耐积水。

应用： 花穗长而美丽，庭园栽植壮观而雅致。宜于公园、水边做花境、水景背景材料。作为造景植物时，设计好隔离装置，控制它们的生长区域，避免大规模占领生境。

7. 再力花 *Thalia dealbata*

科属： 竹芋科（Marantaceae）水竹芋属（*Thalia*）

观赏特性： 植株紧凑，高大美观，硕大的绿色叶片状似蕉叶，青翠宜人，花序大，小花奇特，茎端开出紫色花朵，像系在钓竿上的鱼饵。

生长习性： 多年生挺水草本。好温暖水湿、阳光充足的气候环境，不耐寒和干旱。

应用： 为水景绿化的优良草本植物，多成片种植于公园中大型水体的浅水处或湿地，或与同属植物配植形成独特的水体景观。

8. 花叶芦竹 *Arundo donax* 'Versicolor'

科属： 禾本科（Poaceae）芦竹属（*Arundo*）

观赏特性： 茎干高大挺拔，形状似竹。叶片扁平、伸长，具白色纵长条纹。早春叶色黄白条纹相间，后增加绿色条纹，盛夏新生叶则为绿色。

生长习性： 多年生草本植物。喜光，喜温，耐水湿，不耐干旱和强光。

应用： 主要用于水景园林背景绿化，可点缀于公园中桥、亭、榭四周，也可盆栽用于庭院观赏。花序可用作切花。

9. 美人蕉 *Canna indica*

科属：美人蕉科（Cannaceae）美人蕉属（*Canna*）

观赏特性：因其叶似芭蕉而花色艳丽，故名美人蕉。花果期 3—12 月。

生长习性：多年生草本植物。不耐寒，怕强风和霜冻。对土壤要求不严。

应用：可盆栽，也可地栽，装饰花坛。宜于公园园路旁和水边做花境、水景背景材料。

10. 风车草（旱伞草）*Cyperus involucratus*

科属：莎草科（Cyperaceae）莎草属（*Cyperus*）

观赏特性：依水而生，植株茂密，丛生，茎秆秀雅挺拔，叶伞状，奇特优美，犹如一个绿色的风车，故名风车草，也有解释为形如雨伞的骨架一样，故又名伞草。

生长习性：多年生草本，株高 60 ～ 150 厘米。性喜温暖、阴湿的环境，适应性强，对土壤要求不严。于沼泽地及长期积水的湿地生长良好。生长适宜温度为 15 ～ 25℃，不耐寒冷。

应用：植于溪流岸边，与假山、礁石搭配，四季常绿，自然野趣，是园林水体造景常用的观叶植物。亦可作盆栽、制作盆景、水培或作插花材料。可吸收氮、磷，净化空气。

11. 鸢尾 *Iris pseudacorus*

科属： 鸢尾科（Iridaceae）鸢尾属（*Iris*）

观赏特性： 成片栽植在公园、风景区、房地水体的浅水处，可软化硬质景观，实现建筑物、石材与自然的和谐，达到亭亭玉立、生机盎然的景观效果。花期 5 月。

生长习性： 多年生湿生或挺水宿根草本植物。喜温暖水湿环境，喜肥沃泥土，耐寒性强。

应用： 适应范围广泛，可在公园水边或露地栽培，又可在水中挺水栽培，是少有的水生和陆生兼可的花卉。

五、地被类

1. 石竹 *Dianthus caryophyllus*

科属：石竹科（Caryophyllaceae）石竹属（*Dianthus*）

观赏特性：世界著名四大切花之一。花常单生枝端，有时 2 或 3 朵，有香气，粉红、紫红或白色，花色丰富、花形多变。花期 5—8 月。

生长习性：多年生草本，高 40～70 厘米。性好凉爽而不耐炎热，但因品种而有不同的适温。喜光，喜肥，要求排水良好，忌连作及低洼地栽种。茎直立，叶片为线状披针形。

应用：常用作切花。适合公园、单位附属绿地、庭院等路边栽培或营造群体景观。

2. 欧石竹 *Dianthus plumarius* 'kahori pink'

科属：石竹科（Caryophyllaceae）石竹属（*Dianthus*）

观赏特性：花朵簇生，深粉红色，花5瓣，锯齿状。花朵簇生，花萼呈圆柱形，在顶端有轻微的收缩，花色以紫色为主。

生长习性：长势低矮，一般不超过15厘米，贴地匍匐状态，较耐践踏。基生叶草状丛生。

应用：适合公园、单位附属绿地、路边等营造群体景观。

3. 酢浆草 *Oxalis corniculata*

科属：酢浆草科（Oxalidaceae）酢浆草属（*Oxalis*）

观赏特性：叶色和花色丰富，形态多样。叶片由三枚倒心形的小叶组合而成，偶尔会出现突变的四枚小叶组成的个体，即俗称的"幸运草"。花果期2—9月。

生长习性：多年生草本。喜阳，夏季炎热宜遮半阴，较抗旱，不耐寒，夏季短期休眠。

应用：适合公园、单位附属绿地、庭院等路边栽培或营造群体景观。

4. 报春花 *Primula malacoides*

科属： 报春花科（Primulaceae）报春花属（*Primula*）

观赏特性： 花色有白、黄、红、粉、靛、蓝、橙、墨粉、复色等，极为丰富。

生长习性： 多年生草本花卉。喜温暖湿润，夏季要求凉爽通风环境，不耐炎热。在酸性土（pH4.9～5.6）中生长不良，叶片变黄。栽培土中要含适量钙质和铁质才能生长良好。

应用： 适合公园、单位附属绿地、庭院等路边栽培或营造群体景观。

5. 大花三色堇 *Viola × wittrockiana*

科属： 堇菜科（Violaceae）堇菜属（*Viola*）

观赏特性： 花色绚丽，每花有黄、白、蓝三色，花瓣中央还有一个深色的"眼"状斑纹。花期通常为春夏。花期长，色彩丰富。

生长习性： 株高 15～25 厘米。喜冷凉气候条件，较耐寒而不耐暑热。为二年生花卉中最为耐寒的品种之一。要求适度阳光照晒，略耐半阴。不耐贫瘠。

应用： 用于公园、单位附属绿地的图案式花坛、花境及镶边，常作切花。

6. 角堇 *Viola cornuta*

科属：堇菜科（Violaceae）堇菜属（*Viola*）

观赏特性：株形小巧，花色极为丰富，常有花斑，有时上瓣和下瓣呈不同颜色，且开花早，花期极长。

生长习性：一二年生草本，株高 10 ～ 20 厘米。性喜冷凉及阳光充足的环境，不耐热，但比三色堇耐高温；忌积水，生长适温 10 ～ 22℃。

应用：多用于布置花坛、花境等，也适合公园、单位附属绿地、庭院等路边栽培或营造群体景观。

易混点：角堇花小，花径只有 2 ～ 4 厘米，三色堇的花朵大小是角堇的 2 ～ 3 倍；角堇浅色多，中间无深色圆点，只有猫胡须一样的黑色直线；三色堇花形偏圆，角堇偏长。

7. 姬小菊 *Brachyscome angustifolia*

科属：菊科（Asteraceae）鹅河菊属（*Brachyscome*）

观赏特性：有白色、紫色、粉色、玫红色等多种花色，花期长，4—11月，主要花期是春秋两季。

生长习性：多年生草本植物。喜阳，易养护。

应用：和其他植物搭配一起作道路花箱用花，适合公园、单位附属绿地、庭院等路边栽培或营造群体景观。

8. 黄金菊 *Euryops pectinatus*

科属： 菊科（Asteraceae）黄蓉菊属（*Euryops*）

观赏特性： 叶片长、椭圆形，羽状分裂，裂片披针形。花色金黄，花期长，花期春至夏。

生长习性： 一年生或多年生草本，株高 30 ～ 50 厘米。喜阳光充足，耐寒，耐瘠薄。

应用： 适合公园、单位附属绿地、庭院等路边栽培或营造群体景观。

9. 碧冬茄（矮牵牛）*Petunia × hybrida*

科属： 茄科（Solanaceae）矮牵牛属（*Petunia*）

观赏特性： 花朵硕大，色彩丰富，花形变化颇多，花色有白、粉、红、紫、蓝甚至黑色，以及各种彩斑镶边等；花冠单瓣、半重瓣，瓣边褶皱状或呈不规则锯齿状。

生长习性： 一年生草本，高达 60 厘米。生长期要求阳光充足，耐高温，忌涝。

应用： 因其花色丰富，视觉效果好，群体中表现出众，有着"花坛皇后"之美誉，已成为城市绿化花坛摆放的主要用花。适合公园、绿地、庭院等路边栽培或营造群体景观。

10. 石蒜（曼珠沙华、彼岸花）*Lycoris radiata*

科属： 石蒜科（Amaryllidaceae）石蒜属（*Lycoris*）

观赏特性： 花色艳丽，形态雅致，花期8—9月。冬赏其叶，秋赏其花，花叶不相见。

生长习性： 多年生宿根草本。喜半阴，耐曝晒，耐寒，耐旱，喜好生湿的环境，忌积水。

应用： 常用于公园、道路作背阴处绿化或林下地被花卉，花境丛植或山石间自然式栽植，作花坛或花径、切花材料。

11. 洋水仙（黄水仙）*Narcissus pseudonarcissus*

科属：石蒜科（Amaryllidaceae）水仙属（*Narcissus*）

观赏特性：花朵硕大，花横向或略向上开放，外花冠呈喇叭形、花瓣淡黄色，清香诱人，花期3—4月。品种繁多，是世界著名的球根花卉。

生长习性：多年生草本。喜温暖、湿润和阳光充足的环境。对温度的适应性比较强，在不同生长发育阶段对温度的要求不同。

应用：可片植亦可置景，种植在庭院、公园、花园、滨水处。

12. 紫娇花 *Tulbaghia violacea*

科属： 石蒜科（Amaryllidaceae）紫娇花属（*Tulbaghia*）

观赏特性： 叶狭长线形，茎叶均含韭味；顶生聚伞花序，花茎细长，自叶丛抽生而出，着花 10 余朵，花粉紫色，芳香，花期春至秋。

生长习性： 多年生球根花卉，株高 30 ～ 50 厘米，成株呈丛生状。喜温暖，喜光照，不喜湿热环境，耐寒性好；不择土壤。

应用： 可用于园路边、林缘带状片植观赏，也可用于冷色系花境配植，也适合假山石边、岩石园作点缀，或用于庭院营造小型景观。

13. 百合 *Lilium brownii* var. *viridulum*

科属: 百合科(Liliaceae)百合属(*Lilium*)

观赏特性: 茎亭亭玉立有紫色条纹,花朵硕大、娇美,为喇叭形,有香味。因其鳞茎由许多白色鳞片层环抱而成,状如莲花,因而取"百年好合"之意命名。花果期6—9月。

生长习性: 喜凉爽、湿润的半阴环境,较耐寒冷,属长日照植物。不喜高温,怕水涝。

应用: 名贵的切花。适宜用于花坛、花境,在公园中成片栽植。搭配玫瑰或洋桔梗,适合作喜庆花饰,供花、会场布置、居家皆适宜。

14. 狐尾天门冬 *Asparagus densiflorus* 'Myersii'

科属：百合科（Liliaceae）天门冬属（*Asparagus*）

观赏特性：<u>丛生</u>，各分枝近于直立生长，稍有弯曲，但不下垂。小花白色，清香。浆果小球状，初为绿色，成熟后呈鲜红色。花期5—8月，果熟期9—12月。

生长习性：多年生常绿半蔓性草本植物。在半阴和阳光充足处都能正常生长，较耐旱。

应用：常作观叶花卉栽培，布置厅堂、卧室、阳台等处，或与其他植物搭配作公园景观节点植物组合。在插花中有时用作主题花材料。

15. 郁金香 *Tulipa gesneriana*

科属: 百合科 (Liliaceae) 郁金香属 (*Tulipa*)

观赏特性: 花朵似荷花,花色繁多,色彩丰润、艳丽。

生长习性: 多年生植物春植球根花卉,春季开花,入夏休眠。

应用: 矮壮品种宜布置春季花坛。高茎品种适用于切花或配置花境,也可丛植于草坪边缘。中、矮品种适宜盆栽,点缀庭院、花池和各类几何形状的景观。

16. 葡萄风信子 *Muscari botryoides*

科属： 百合科（Liliaceae）蓝壶花属（*Muscari*）

观赏特性： 植株低矮整齐，花序端庄，花姿美丽，色彩绚丽，在光洁鲜嫩的绿叶衬托下，恬静典雅，是早春开花的多年生花卉。

生长习性： 多年生草本。性喜温暖、凉爽气候，喜光亦耐阴，夏季休眠，冬季叶片常绿，抗寒性较强。

应用： 可作为草坪的成片、成带与镶边种植，用于岩石园作点缀丛植，可广泛用于高架桥下、阴坡地、大树下等光线较弱的地方。

17. 兰花三七 *Liriope cymbidiomorpha*

科属：百合科（Liliaceae）山麦冬属（*Liriope*）

观赏特性：形似兰花，根像三七，味也像三七并可入药，故名。花淡紫色，偶有白色。

生长习性：常绿多年生草本。根状茎粗壮，叶线性，丛生，长10～40厘米，耐寒、耐阴、耐涝，四季常青。

应用：适合公园、单位附属绿地、庭院等路边栽培或营造群体景观。

18. 常绿萱草 *Hemerocallis fulva* var. aurantiaca (Baker)

科属： 百合科（Liliaceae）萱草属（*Hemerocallis*）

观赏特性： 花早开晚谢，无香味，橘红色至橘黄色。花果期5—7月。

生长习性： 多年生宿根草本。喜光，耐半阴。性强健，耐寒，耐干旱。不择土壤。

应用： 可在公园、单位附属绿地的花坛、花境、路边、疏林、草坡或岩石园中丛植、行植或片植，营造群体景观。亦可做切花。萱草又称忘忧草、黄花菜，或代指母亲，具有极高的文化价值和药用食用价值。

19. 花叶长果山菅（银边山菅兰）*Dianella tasmanica* 'Variegata'

科属： 百合科（Liliaceae）山菅兰属（*Dianella*）

观赏特性： 观叶植物。叶丛生，长带状，边缘为淡黄色。花黄色。

生长习性： 多年生草本。生长快，能耐零摄氏度以下低温气候。

应用： 彩叶地被植物。适合公园、单位附属绿地、路边等栽培营造群体景观。

20. 柳叶马鞭草 *Verbena bonariensis*

科属： 马鞭草科（Verbenaceae）马鞭草属（*Verbena*）

观赏特性： 花冠呈紫红色或淡紫色，花色鲜艳。花期夏秋。花茎抽高后叶转为细长形，如柳叶状，又如马鞭，所以被称为柳叶马鞭草。

生长习性： 株高（连同花茎）有 100～150 厘米，习性强健，不耐寒，较耐热，易养护。

应用： 花色柔和，常大片种植以营造景观效果，常被用于公园和道路的疏林下、植物园和别墅区的景观布置，柳叶马鞭草搭配种植时通常以高大乔木为背景。下层配置地肤、八宝景天、矮牵牛、醉碟、百合等花卉，可优化景观层次，也可作花境的背景材料。该种常被一些景区当作薰衣草种植。

21. 细叶美女樱 *Glandularia tenera*

科属： 马鞭草科（Verbenaceae）美女樱属（*Glandularia*）

观赏特性： 茎四棱；叶对生；穗状花序顶生，密集呈伞房状，花小而密集，有白色、粉色、红色、复色等，具芳香。花期为 5—11 月。

生长习性： 多年生草本。植株丛生而铺覆地面，株高 10 ～ 50 厘米，性甚强健。喜阳光，不耐阴，较耐寒，不耐旱。

应用： 适合公园、单位附属绿地、路边等栽培营造群体景观。

22. 蓝花草（翠芦莉）*Ruellia simplex*

科属： 爵床科（Acanthaceae）芦莉草属（*Ruellia*）

观赏特性： 花冠漏斗状，5 裂，紫色、粉色或白色，具放射状条纹，细波浪状；一般清晨开放，午后凋谢。7—8 月开花。

生长习性： 草本植物，茎直立，高 55 ～ 110 厘米。适应性强，喜温暖湿润和阳光充足的环境，耐高温和干旱，对光照要求不严，栽培容易、养护简单。

应用： 可作盛夏季节开花植物。适合公园、单位附属绿地、庭院等路边栽培或营造群体景观。

23. 山桃草 *Oenothera lindheimeri*

科属：柳叶菜科（Onagraceae）月见草属（*Oenothera*）

观赏特性：花多而繁茂，多花型，花蕾白色略带粉红，初花白色，谢花时浅粉红。花期晚春至初秋。

生长习性：多年生宿根草本。高 60 ～ 100 厘米。性耐寒，喜凉爽及半湿润环境。

应用：可用于公园、单位附属绿地、道路的花坛、花境，或做地被植物群栽，与柳树配植或用于点缀草坪。

24. 诸葛菜（二月兰）*Orychophragmus violaceus*

科属： 十字花科（Brassicaceae）诸葛菜属（*Orychophragmus*）

观赏特性： 花紫色或白色，花期3—5月，果期5—6月。生产期为每年9月至次年6月，甚至在寒冷冬季仍可保绿不枯，可以较好地覆盖地面。

生长习性： 一年生或二年生草本，高达50厘米。适应性强，耐寒，萌发早，喜光。根系发达，耐贫瘠。

应用： 色块作树裙装饰树干，美化挡土墙、雕塑的基座；绿化荒坡；或应用于自然式带状花坛，作花境的背景材料、岩石园的耐瘠薄植物等。

25. 细裂银叶菊（雪叶菊）*Senecio cineraria* cv. 'Silver Dust'

科属：菊科（Asteraceae）千里光属（*Senecio*）

观赏特性：叶一至二回羽状分裂，正反面均被银白色柔毛，其银白色的叶片远看像一片白云，与其他色彩的纯色花卉配置栽植，其绒绒的银色，给人以清新雅洁的感觉。头状花序单生枝顶，花小、黄色，花期6—9月。细裂银叶菊为银叶菊的一个品种，株高比银叶菊矮。

生长习性：多年生草本植物，高度一般在50～80厘米。喜凉爽湿润、阳光充足的气候，较耐寒。

应用：用于公园、单位附属绿地、道路等绿化，重要的绿地色彩植物，观赏期较长，可从3月一直延续到8月，是节日的重要花坛用花。与红色花卉相配置形成大色块，效果更好。也可盆栽观赏。

26. 大吴风草 *Farfugium japonicum*

科属：菊科（Asteraceae）大吴风草属（*Farfugium*）

观赏特性：生长旺盛，覆盖力强，株型饱满完整，姿态优美，花黄叶翠，观赏周期长。花期8—12月，果期可至翌年3月。

生长习性：常绿草本。喜半阴、湿润环境，忌夏季阳光直射和干旱，耐高温，耐盐碱。对土壤适应性较强。

应用：可大面积栽植于公园、道路边和单位附属绿地等，形成群落烘托植物景观。

27. 紫竹梅（紫鸭跖草）*Tradescantia pallida*

科属：鸭跖草科（Commelinaceae）紫露草属（*Tradescantia*）

观赏特性：叶色美观，成株植株紫色，花桃红色。花期 6—10 月。

生长习性：多年生草本。株高 30 ～ 50 厘米，匍匐或下垂。喜阳光充足的环境，耐半阴，不耐寒，较耐旱。

应用：可用于单位附属绿地、庭院的花坛、公园园路边、草坪边或作为镶边植物，或植于石墙的石隙中用于立体绿化，也适合与其他色叶植物配植营造不同色块景观。

28. 麦冬（沿阶草）*Ophiopogon japonicus*

科属：天门冬科（Asparagaceae）沿阶草属（*Ophiopogon*）

观赏特性：既可观叶，也能观花。花紫色，花期5—8月。普通麦冬草分阔叶麦冬与细叶麦冬，长30厘米左右。银边麦冬的叶片周围是银白色的，银边麦冬分银边阔叶麦冬与银边细叶麦冬；金边麦冬的叶片周围是金黄色的，金边麦冬也分阔叶与细叶，长30厘米左右；日本矮麦冬的植株低矮，又称矮生麦冬，长5～10厘米，用作草坪最多。

生长习性：常绿多年生草本，叶基生成丛，禾叶状，长10～50厘米。耐阴，耐寒，耐旱，抗病虫害。对土壤条件有特殊要求，宜排水良好的微碱性沙质壤土。

应用：园林中优良的林缘，草坪，水景，假山，台地修饰类，是应用于公园、道路和单位附属绿地的新优彩叶类地被植物。

29. 金叶石菖蒲 *Acorus gramineus* 'ogan'

科属： 天南星科（Araceae）菖蒲属（*Acorus*）

观赏特性： 叶线形，金黄色，禾草状，叶缘及叶心有金黄色线条。肉穗花序黄绿色，圆柱形。果黄绿色。花期5—6月，果期7—8月。

生长习性： 多年生草本植物。植株丛生状，高20～30厘米。不耐暴晒，不耐阴，耐寒，喜阴湿环境，不耐旱，不择土壤。

应用： 适合公园、道路、单位附属绿地、庭院等路边栽培或营造群体景观，烘托植物景观。

30. 粉黛乱子草 *Muhlenbergia capillaris*

科属： 禾本科（Poaceae）乱子草属（*Muhlenbergia*）

观赏特性： 顶端呈拱形，绿色叶片纤细。顶生云雾状粉色花序，成片种植可呈现出粉色云雾海洋的壮观景色，观赏效果极佳。花期9—11月。

生长习性： 多年生暖季型草本，株高可达30～90厘米。大多数能忍受干旱、炎热和贫瘠的土壤。喜光照，耐半阴。生长适应性强，耐湿，耐旱，耐盐碱。夏季为主要生长季。

应用： 适合公园中大片种植，营造群体景观。景色非常壮观。亦可作为背景、镶边材料。

31. 佛甲草 *Sedum lineare*

科属：景天科（Crassulaceae）景天属（*Sedum*）

观赏特性：植株细腻，花美丽，碧绿的小叶宛如翡翠，整齐美观。花期4—5月。

生长习性：多年生草本植物。耐旱性好，耐阴。

应用：可用于屋顶绿化，亦可作为护坡草，与乔木、花灌木配植在一起作为园林绿化，也可以作为公园、单位附属绿地、庭院的花坛和花境的底色或道路两侧的镶边材料。

注释：

缩写字	拉丁文全拼	中文意译
cv.	cultivarietas	栽培变种、品种
spp.	species plurimus	许多种
var.	varietas	变种

策　　划：章克强

责任编辑：袁升宁
美术编辑：巢倩慧
责任校对：王君美
责任印制：汪立峰

图书在版编目（ＣＩＰ）数据

城市绿地改造更新实例分析及图鉴 / 童伶俐著. --
杭州：浙江摄影出版社，2023.6
ISBN 978-7-5514-4573-3

Ⅰ. ①城… Ⅱ. ①童… Ⅲ. ①城市绿地－绿化规划－
案例－乐清 Ⅳ. ①TU985.255.4

中国国家版本馆CIP数据核字(2023)第112100号

CHENGSHI LÜDI GAIZAO GENGXIN SHILI FENXI JI TUJIAN
城市绿地改造更新实例分析及图鉴

童伶俐　著

全国百佳图书出版单位
浙江摄影出版社出版发行
　　地址：杭州市体育场路347号
　　邮编：310006
　　网址：www.photo.zjcb.com
　　电话：0571-85151082
制版：浙江新华图文制作有限公司
印刷：杭州丰源印刷有限公司
开本：787mm×1092mm　1/16
印张：14.25
2023年6月第1版　2023年6月第1次印刷
ISBN　978-7-5514-4573-3
定价：128.00元